Essbare Wildpflanzen
einfach bestimmen

Steffen G. Fleischhauer
Jürgen Guthmann
Roland Spiegelberger

Essbare Wildpflanzen **einfach bestimmen**

Die 50 beliebtesten Arten in mehr als 400 Farbfotos
Mit Rezepten und Tipps für die Küche

at VERLAG

Haftungsausschluss
Die Angaben in diesem Buch sind alle sorgfältig erwogen und geprüft worden, dennoch sind sie ohne Gewähr. Eine Haftung der Autoren, des Verlages oder seiner Beauftragten ist ausgeschlossen.

8. Auflage, 2024

Lektorat: Petra Holzmann, München
Fotos: S. Fleischhauer, C. Gassner, J. Guthmann, V. Nehrbaß, R. Spiegelberger
Zeichnungen: Claudia Gassner
Grafische Gestaltung und Satz: AT Verlag, Aarau und München
Bildaufbereitung: Vogt-Schild Druck, Derendingen
Druck und Bindearbeiten: Firmengruppe APPL, aprinta druck, Wemding
Printed in Germany

ISBN 978-3-03800-912-2

Dieses Buch ist auch als E-Book erhältlich.

www.at-verlag.ch

Der AT Verlag wird vom Bundesamt für Kultur für die Jahre 2021–2024 unterstützt.

Inhalt

Übersicht der Blätter

Gänseblümchen, S. 171

Arznei-Thymian, S. 225

Spitz-Wegerich, S. 175

Wiesen-Glockenblume, S. 213

Wiesen-Labkraut, S. 209

Wald-Ziest, S. 65

Weiße Taubnessel, S. 119

Große Brennnessel, S. 121

Zottiges Franzosenkraut, S. 87

Purpur-Taubnessel, S. 77

Topinambur, S. 93

Große Klette, S. 129

Japanischer Flügelknöterich, S. 23

Breit-Wegerich, S. 159

Vogel-Sternmiere, S. 101

Gewöhnlicher Frauenmantel, S. 187

Wald-Sauerklee, S. 53

Rot-Klee, S. 179

Wald-Erdbeere, S. 49

Gewöhnlicher Giersch, S. 125

Gewöhnliche Brunnenkresse, S. 19

Großer Wiesenknopf, S. 195

Gewöhnlicher Beifuß, S. 133

Kohl-Kratzdistel, S. 31

Wiesen-Löwenzahn, S. 167

Lauch, S. 37

Riesen-Goldrute, S. 197

Drüsiges Springkraut, S. 27

Ross-Minze, S. 115

Gewöhnlicher Dost, S. 61

Stechender Hohlzahn, S. 79

e Goldnessel, S. 73

Kleinblütiges Franzosenkraut, S. 91

Ährige Teufelskralle S. 57

Gefleckte Taubnessel, S. 69

Spreizende Melde, S. 149

Weißer Gänsefuß, S. 145

-Gilbweiderich, 7

März-Veilchen, S. 109

Knoblauchsrauke, S. 41

Gewöhnlicher Gundermann, S. 83

Gewöhnlicher Hopfen, S. 45

Wilde Malve, S. 155

öhnlicher nklau, S. 205

Gewöhnliche Möhre, S. 201

Wiesen-Kerbel, S. 197

Gewöhnliche Schafgarbe, S. 163

Kleiner Wiesenknopf, S. 191

Wiesen-Schaumkraut, S. 221

öhnliches ntäschel, S. 105

Gewöhnliche Wegwarte, S. 137

Gewöhnlicher Meerrettich, S. 141

Zweijährige Nachtkerze, S. 151

Wiesen-Salbei, S. 229

Wiesen-Sauerampfer, S. 183

Übersicht der Blüten

Echte Goldnessel, S. 79

Zweijährige Nachtkerze, S. 151

Hain-Gilbweiderich, S. 217

Gewöhnlicher Frauenmantel, S. 187

Topinambur, S. 93

Gewöhnliche Brunnenkresse, S. 19

Gewöhnlicher Meerrettich S. 141

Gewöhnliches Hirtentäschel, S. 105

Wiesen-Schaumkraut, S. 221

Japanischer Flügelknöterich, S. 23

Spitz-Wegerich, S. 175

Bär-Lauch, S. 37

Gewöhnliche Schafgarbe, S. 163

Gewöhnliche Möhre, S. 201

Wiesen-Kerbel, S. 197

Große Brennnessel, S. 121

Gewöhnlicher Hopfen, S. 45

Wiesen-Sauerampfer, S. 183

Spreizende Melde, S. 149

Gewöhnlicher Beifuß, S. 133

Arznei-Thymian, S. 225

Gewöhnlicher Dost, S. 61

Stechender Hohlzahn, S. 79

Purpur-Taubnessel, S. 77

Gefleckte Taubnessel, S. 69

en-Goldrute, S. 197

Wiesen-Löwenzahn, S. 167

Kohl-Kratzdistel, S, 31

Weiße Taubnessel, S. 119

Wiesen-Labkraut, S. 209

Knoblauchsrauke, S. 41

ges
zosenkraut, S. 87

Kleinblütiges
Franzosenkraut, S. 91

Wald-Erdbeere, S. 49

Wald-Sauerklee, S. 53

Vogel-Sternmiere, S. 101

Gänseblümchen, S. 171

öhnlicher
nklau, S. 205

Gewöhnlicher
Giersch, S. 125

Ross-Minze, S. 115

Ährige Teufelskralle, S. 57

Breit-Wegerich, S. 159

Weißer Gänsefuß,
S. 145

er Wiesenknopf,
1

Großer Wiesenknopf,
S. 195

Gewöhnlicher
Gundermann, S. 83

März-Veilchen, S. 109

Wiesen-Salbei, S. 229

Gewöhnliche
Wegwarte, S. 137

ges
gkraut, S. 27

Wald-Ziest, S. 65

Wiesen-Glockenblume,
S. 213

Wilde Malve, S. 155

Große Klette, S. 129

Rot-Klee, S. 179

Einleitung

Jahrtausendelang waren die essbaren Wildpflanzen ein wertvoller Bestandteil des menschlichen Lebens, denn unsere Vorfahren sammelten nicht nur einen großen Teil ihrer Nahrung in der freien Natur, sondern sie sammelten auch Erfahrungen und Kenntnisse im Umgang mit den wilden Pflanzen. Durch die alltägliche Nutzung der Vegetation wurde dieses Pflanzenwissen von den Eltern an die Kinder mündlich weitergegeben. Man lernte die geeigneten Sammelzeiten und Verarbeitungsmethoden kennen, vor allem erlernte man die sichere Pflanzenartenkenntnis. Vermitteln zu können, welche Pflanzen essbar und welche giftig oder heilsam sind, setzte voraus, dass die Menschen die Pflanzen sicher erkennen konnten.

Nur wenig von diesem auf den Wildpflanzen aufbauenden Teil unserer Nahrungskultur ist aktuell noch lebendig und überliefert. Wir sind auf ein Lebensmittelversorgungssystem durch Dritte angewiesen und haben dabei auch ein Stück Unabhängigkeit und Eigenständigkeit, was die eigene Nahrung betrifft, abgegeben.

Das vorliegende Buch soll dazu beitragen, einen Teil dieses Wildpflanzenwissens zu pflegen und lebendig zu erhalten. Hier wird versucht, die einzelnen Pflanzen so anschaulich zu erklären, wie dies sonst nur bei einer persönlichen Beschreibung der Pflanze vor Ort möglich ist.

So bildreich wie möglich stellen wir die Erkennungsmerkmale der 50 beliebtesten essbaren Wildpflanzen vor, dazu die ihrer giftigen Doppelgänger. Wir beschreiben die aktuellen und überlieferten Verwendungsmöglichkeiten der Pflanzen in der Küche und geben Ihnen viele Ideen für empfehlenswerte Zubereitungen, die gut zu den besonderen Eigenschaften der jeweiligen Wildpflanzen passen.

Die Natur bietet uns einen wahren Schatz ernährungsphysiologisch bedeutender essbarer Wildpflanzen. Diese sind ein kostbares Geschenk an uns, und ihnen gebührt deshalb auch unsere größte Wertschätzung und unser Dank.

Noch eine Bemerkung am Rande: Die Angst, sich beim Sammeln speziell von wildwachsenden Pflanzen mit dem Fuchsbandwurm zu infizieren, ist nicht begründet. Genauso wie die unberührtere Natur durchstreift ein Fuchs auch Kultursalatfelder und Gärten. Man geht sogar davon aus, dass die größte Verbreitung der Fuchsbandwurmeier durch aufgewirbelten und eingeatmeten Staub von den Äckern oder durch Haustiere geschieht.

Die Natur lädt uns ein, ihre Schätze zu entdecken.

Wir wünschen Ihnen viel Freude an diesem Buch und bei Ihren Erlebnissen draußen in der Natur!

Steffen G. Fleischhauer
für das ganze Buchteam

Naturschutz und Grundregeln zum Sammeln von Wildpflanzen

Die grundlegenden Voraussetzungen beim Sammeln von Wildpflanzen sind das sichere Bestimmen der Pflanzen und der Respekt vor der Natur. Es bedarf etwas Zeit und Erfahrung, um geeignete und ergiebige Sammelorte zu finden.

Die wichtigsten Regeln:

- Nur so viel sammeln, wie man unmittelbar verbrauchen kann oder voraussichtlich als Vorrat benötigt.
- **Nie geschützte Pflanzen sammeln.** Regional können unterschiedliche Pflanzen geschützt oder gefährdet sein. Informieren Sie sich bei den örtlichen Naturschutzbehörden.
- **Nie ganze Bestände abernten.** Bei vereinzelt auftretenden Pflanzen dürfen nur wenige Teile geerntet werden. **Besonders beim Ausgraben von Wurzeln ist größte Achtsamkeit geboten. Am Fundort müssen immer noch genügend Pflanzen stehen bleiben, um ihren Fortbestand zu sichern.** Es soll nur jener Pflanzenteil gepflückt werden, der zur Verarbeitung notwendig ist.
- **Es ist verboten, in Naturschutzgebieten zu sammeln.**

Empfohlene Utensilien zum Sammeln der Pflanzen:

- Schere, Messer und Spatel zum Ernten
- Eventuell eine Lupe, um Bestimmungsdetails besser erkennen zu können
- Körbe und Papiertüten zum Transportieren der Pflanzen. (Ein stabiler Korb schützt die Pflanzen beim Transport vor Quetschungen; Papiertüten schützen sie vor Austrocknung. Lässt man die Pflanzen offen liegen, verlieren sie schnell wertvolle Inhaltsstoffe. Plastiktüten eignen sich bei Regenwetter; ansonsten schwitzen die Pflanzen darin und beginnen, sich zu zersetzen.)
- Handschuhe für stachelige oder die Haut reizende Pflanzen

Die beliebtesten essbaren Wildpflanzen nach ihren Lebensräumen

Ufer, Gräben , Quellen

Gewöhnliche Brunnenkresse

Scharfe Würze aus klaren Gewässern

mehrjährig | 0,8 m | Mai bis September | weiß

Nasturtium officinale agg.

Standort: Die Brunnenkresse wächst an Quellen, in Gräben und im Röhricht klarer, schnell fließender Bäche; sie erträgt bis zu 1 Meter Wassertiefe.

Verwendung in der Küche

April–Oktober
Blätter und Triebe

Von April bis Oktober sind Blätter und Triebe der Brunnenkresse eine wohlschmeckende Zutat für Salate, die Triebspitzen und Blätter machen sich auch gut als Dekoration auf Gerichten. Erwärmt eignen sie sich für pürierte Suppen, aber auch wie Spinat zubereitet, für Brotaufstriche, Pesto, Kräutersaucen, Kräuterbutter, Kräuterkäse, Quiche und Eierspeisen wie Omeletts. Getrocknete Triebe können Rauchtabak beigemischt werden.

Mai–September
Blüten und Blütenknospen

Von Mai bis September kann man die weißen, würzigen Blüten und die knospigen Blütenstände roh essen, zum Beispiel in Salaten.

September–Oktober
Samen

Von September bis Oktober kann man die kleinen Samen der Brunnenkresse ernten. Sie werden beim Brotbacken mitverwendet, als Pfefferersatz genutzt oder zu Senf verarbeitet.

Geschmack: Die Pflanze schmeckt kresseartig scharf und erinnert an Rucola.

Rezeptidee

Brunnenkressesauce: Fein gehackte Brunnenkressetriebe mit saurer Sahne, etwas Essig, Knoblauch, Salz, Zitronensaft und ein wenig Ahornsirup verrühren. Passt gut geschmolzen auf heiße Nudeln, kalt zu Salaten oder als Dip zu Rohkostgemüse.

Die Blütenblätter sind weiß, die Staubbeutel gelb.

An den Blattansätzen treiben die Stängel neue Wurzeln.

Das Blatt besteht aus ein bis vier Teilblattpaaren und einem Endabschnitt. Der Blattrand ist gekerbt.

Die Triebe treiben aus einem dicken Wurzelgeflecht aus.

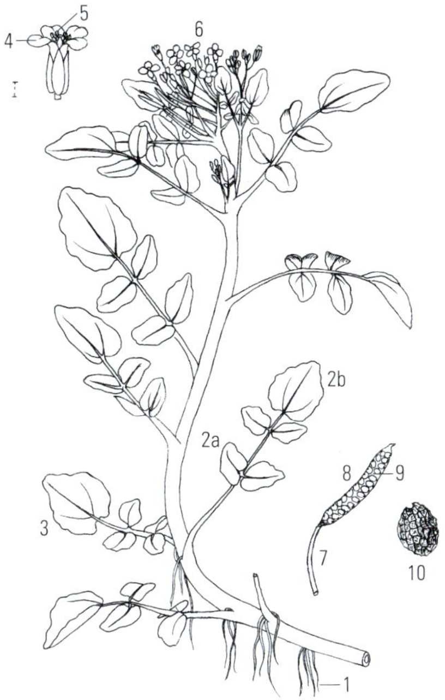

1 Die Stängel treiben an den Blattansätzen neue Wurzeln.
2 Jedes Blatt setzt sich aus 1–4 Teilblattpaaren (a) und einem größeren Endabschnitt (b) zusammen.
3 Der Blattrand ist schwach gekerbt.
4 Die Blütenblätter sind weiß und werden bis 5 mm lang.
5 Die Staubbeutel sind gelb.
6 Die Blüten sind in lockeren Trauben angeordnet, an der Spitze sind sie doldenartig gedrängt.
7 Der Fruchtstiel ist gekrümmt und wird bis 15 mm lang.
8 Die Frucht ist eine kurze, bis 2 cm lange Schote.
9 In der Frucht sind die Samen zweireihig angeordnet.
10 Die Oberfläche der Samen ist wabenartig unterteilt.

Das bittere Schaumkraut hat mehr als 4 Teilblattpaare und violette Staubbeutel.

Hinweise: Es gibt eine weitere sehr häufige, essbare Uferpflanze, die der Brunnenkresse zum Verwechseln ähnlich sieht und genauso in der Küche verwendet werden kann: Es ist das Bittere Schaumkraut *(Cardamine amara)*. Die auffälligsten Unterschiede zur Gewöhnlichen Brunnenkresse sind, dass die Blätter des Bitteren Schaumkrautes mehr als 4 (bis zu 7) Teilblattpaare entwickeln, dass dessen Stängel mit Mark gefüllt und nicht hohl sind und dass seine Staubbeutel violett und nicht gelb sind.
Beide Pflanzen können an Gewässerufern stehen, wobei die Gewöhnliche Brunnenkresse deutlich sauberes, langsam fließendes Wasser braucht. Das Bittere Schaumkraut ist nicht so anspruchsvoll in Bezug auf die Wasserqualität.

Japanischer Flügelknöterich

Der milde Wildnisrhabarber

mehrjährig | 3 m | Juli bis Sept. | weiß bis hellgrün

Fallopia japonica

Standort: Der Japanische Flügelknöterich wächst an nährstoffreichen Standorten, er findet sich an Fluss- und Bachufern, an Waldwegen sowie an Bahndämmen und auf Schuttplätzen.

Verwendung in der Küche

März–April
Triebe

Von März bis April können die jungen Triebe des Japanischen Flügelknöterichs als aromatisches, schmelzend weiches Stängelgemüse in der Pfanne zubereitet oder als Grundlage für Saucen genutzt werden. Man kann die Triebe aber auch, ähnlich wie Rhabarber, für Kuchen und Torten, Kompott, Konfitüren und andere Süßspeisen verwenden. Im Frühjahr kann man die Triebe zudecken, damit sie weiß und zart bleiben. Diese weißen Triebe lassen sich zu salzig eingelegten Antipasti, zu würzigen Chutneys und vielem mehr verarbeiten.

August–September
Wurzeln

Die weichen Wurzelabschnitte können geschält als Kochgemüse zubereitet werden.

Geschmack: Der Grundgeschmack der Pflanze ist säuerlich und süß, rhabarberähnlich, aber milder.

Hinweise: Später im Jahr wird die Pflanze sehr holzig.
Generell nicht auf kontaminierten Standorten (z.B. Deponiegelände) sammeln, da die Pflanze Schwermetalle aus dem Boden einlagern kann.

Rezeptidee

Knöterich-Konfitüre: Etwa 20 cm hohe, junge, säuerliche Triebe ernten und in Stücke schneiden. Mit etwas Wasser und Zucker langsam weich kochen. Nach Belieben mit Vanille und Zitrone abschmecken. Die Pflanzenteile mit einem Schaumlöffel herausnehmen und den Saft noch weiter einkochen und eindicken lassen. Falls gewünscht, etwas Gelierzucker hinzufügen. Die weich gekochten Pflanzenteile heiß in keimfrei ausgespülte Gläser geben und bis zum Rand mit dem kochend heißen Saft auffüllen, anschließend die Gläser gut verschließen.

Die Blätter sind am Grund gestutzt, oben zugespitzt und bis 13 cm lang.

Die Blüte ist weiß und besteht aus 5 Hüllblättern, 8 Staubblättern und 3 Griffelästen.

Die Pflanze breitet sich flächig aus. Die Stängel verzweigen sich im oberen Bereich der Pflanze.

Im Durchmesser werden die Stängel bis zu 2,5 cm breit.

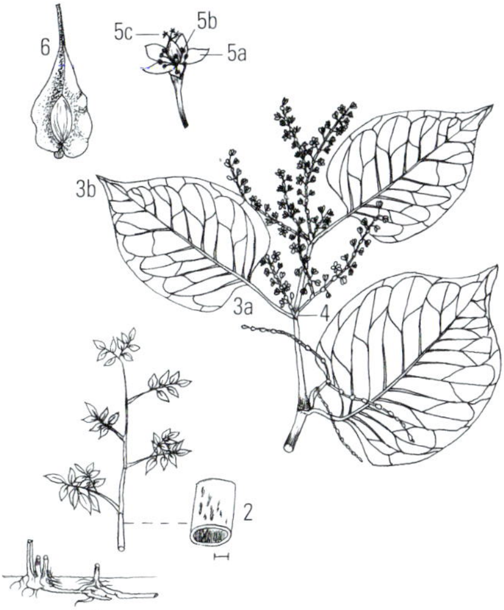

1 Die Pflanze bildet starke Wurzelausläufer und treibt mehrere kräftige, sich oben verzweigende Stängel.
2 Die Stängel haben einen Durchmesser von bis zu 2,5 cm.
3 Die Blätter sind breit eiförmig, am Grund abgerundet oder gestutzt (a), oben zugespitzt (b) und bis 13 cm lang.
4 Die Blütenstände entspringen den Blattachseln.
5 Die Blüte ist weiß bis hellgrün und besteht aus 5 Hüllblättern (a), 8 Staubblättern (b) und 3 Griffelästen (c).
6 Bei der Frucht handelt es sich um eine dreikantige, geflügelte Nuss.

Die jungen Triebe sind weich und saftig.

Die Frucht ist dreikantig geflügelt.

Der Stängel ist rot gefleckt.

Drüsiges Springkraut

Eine Nascherei springt in die Tasche

einjährig | bis 2,5 m | Juli bis Oktober | purpurrot

Impatiens glandulifera

Standort: Das Drüsige Springkraut wächst in großen Herden in Überschwemmungsbereichen, Auenwäldern sowie an Ufern und Waldwegen.

Verwendung in der Küche

März–Juli
Blätter, Triebe und Keimlinge

Von April bis Juli lassen sich die jungen Blätter und weichen Triebspitzen als Gemüse kochen. Jedoch bleibt das Gemüse, selbst wenn man das Kochwasser häufiger wechselt, wenig schmackhaft und rau im Nachgeschmack. Viel besser sind die Keimlinge. Diese findet man im März. Sie schmecken gut und können auch roh zum Beispiel in Salaten gegessen werden.

Juli–Oktober
Blüten

Von Juli bis Oktober zeigt die Pflanze ihre aufwendig gestalteten Blüten. Sie sind mild süßlich im Geschmack und lassen sich in kleinen Mengen, nach Belieben in feine Streifen geschnitten, als essbare Dekoration einsetzen.

September–Oktober
Samen

Von September bis Oktober kann man die kleinen runden Samen des Springkrautes genießen, die ein überraschend gutes Nussaroma haben. Sowohl die jüngeren, noch weißen Samen als auch die ausgereiften schwarzen können roh genossen werden. Oder man verwendet sie als Nussbasis für Würzpasten, verarbeitet sie in Aufläufen, als Bratlinge oder Gebäck oder presst sie zu Speiseöl.

Geschmack: Die Samen und Keimlinge schmecken sehr gut nussig. Die Blüten sind mild mit zartem Blütenaroma. Das Kraut schmeckt weniger attraktiv, etwas kratzig.

Hinweise: Die Blätter und Triebe nicht roh konsumieren! Denn dann wirken sie stark abführend und harntreibend.
Andere mitteleuropäische Springkrautarten (Impatiens noli-tangere, Impatiens parviflora) sind in gleicher Weise verwendbar.

Rezeptidee

Süße Springkrautsamen: Die Samen von grünen Kapselresten befreien. Mit Honig oder etwas Zucker in einer Pfanne erhitzen und unter ständigem Rühren karamellisieren. Abkühlen lassen. Die süßen Samen passen gut zu Naturjoghurt oder Vanilleeis.

Die Blüte wird bis 4 cm lang und weist einen abwärts gekrümmten Sporn auf.

Der Stängel ist oben verzweigt, geriffelt mit dunkelroten Drüsen und häufig rötlich überlaufen.

Die Blätter sind länglich geformt und werden bis zu 25 cm lang.

Die Samenkapsel springt im Reifezustand bei Berührung auf.

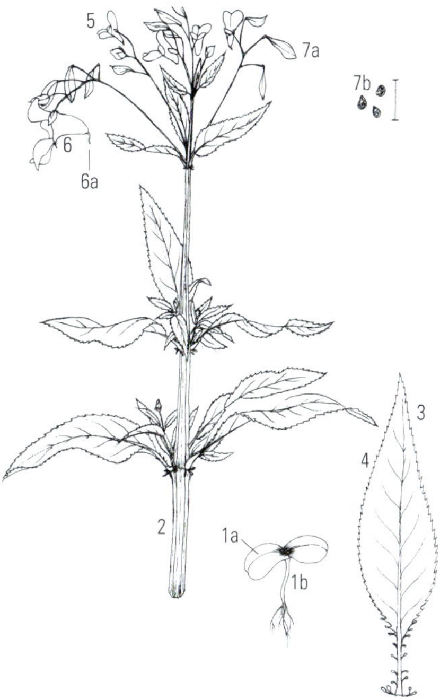

Im Frühjahr erscheinen zweiblättrige Keimlinge, sie sind am Stängel meist rötlich gefärbt.

1 Im Frühjahr erscheinen zahlreiche zweiblättrige Keimlinge. Die Keimblätter sind in der Mitte gefurcht (a). Die Keimlingsstängel sind meist rötlich gefärbt (b).
2 Oben ist der Stängel verzweigt, geriffelt und oft rötlich überlaufen.
3 Die Blätter haben eine längliche Form, sie erreichen eine Länge von bis zu 25 cm.
4 Der Blattrand ist scharf gezähnt.
5 5 bis 20 rötlich bis weiß gefärbte Blüten bilden den Blütenstand.
6 Die Blüte erreicht eine Länge von 4 cm, sie hat einen abwärts gekrümmten Sporn (a).
7 Die Samenkapsel (a) springt im Reifezustand bei Berührung auf und schleudert mehrere dunkle, rundliche Samen (b) weit von sich weg.

Die Keimblätter sind in der Mitte gefurcht.

Die Samenkapsel schleudert mehrere dunkle, rundliche Samen weit von sich.

Kohl-Kratzdistel

Ein bestechendes Gemüse

mehrjährig | 1,5 m | Juli bis Sept. | gelblich weiß

Cirsium oleraceum

Standort: Die Kohl-Kratzdistel wächst an nährstoffreichen und feucht-nassen Plätzen in Wiesen und Auen sowie an Ufern und Quellen.

Verwendung in der Küche

September–Frühjahr
Wurzeln

Im ersten Jahr erntet man von September bis ins Frühjahr die ergiebigen zarten Wurzeln der Pflanzen. Getrocknet und zu einem Gemüsemehl gemahlen, werden sie für Breie oder zum Strecken von Getreidemehl genutzt. Die geschälten frischen Wurzeln verwendet man als Koch- und Backgemüse.

April–Juni
Stängel, Blätter und Triebe

Von April bis Juni, also noch vor der Blüte, kann man die geschälten, weichen Stängel, die zarten Blätter und jungen Triebe roh essen oder zu Kochgemüse oder Spinat verarbeiten. Große Blätter, denen man die Stacheln und groben Fasern entfernt, kann man auch noch später ernten.

Juni–September
Blüten

Der Blütenboden am Grund der Blütenköpfe, auch von noch nicht erblühten Blütenköpfen, lässt sich von Juni bis September als Kochgemüse zubereiten; jedoch ist es sehr aufwendig, ihn zu schälen.

Geschmack: Der Grundgeschmack der Pflanze erinnert an Kopfsalat, der der Blütenböden an Artischocke.

Hinweis: Alle anderen mitteleuropäischen Kratzdistelarten (Cirsium) sind ebenso verwendbar.

Rezeptidee

Distelstrudel: 500 g Mehl mit einem getrichenen TL Salz, einem TL Essig, 2 EL Öl oder Butter und etwas Wasser gründlich verkneten. An einem warmen Ort zugedeckt 1 Stunde ruhen lassen. Blätter der Kohl-Kratzdistel ernten und mit einer Schere die Stacheln vom Rand abschneiden. Dann die Blätter quer zur Faser in feine Streifen schneiden. Die Streifen mit etwas Salz, Zwiebeln, Knoblauch und Pfeffer dünsten. Den Teig sehr dünn ausrollen und die Pflanzenfüllung auf den Teig geben. Etwas Käse darüberreiben, alles zu einem Strudel rollen und diesen im vorgeheizten Ofen bei 180 Grad etwa 40 Minuten backen.

Die Pflanze wächst gerne auf nassen Wiesen und Quellbereichen; sie wird bis 1,5 m hoch.

Der von den einzelnen kleinen Blüten befreite Blütenboden ist fleischig.

Die Blätter sind unterschiedlich geformt, die Bandbreite reicht von ungeteilt bis tief gespalten.

Die Stängel sind gefurcht und nur zerstreut behaart.

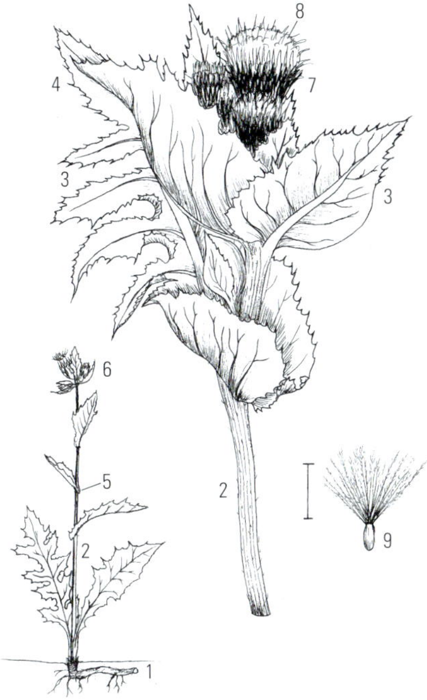

1 Quer im Boden liegt der Wurzelstock.
2 Die Stängel stehen aufrecht, sie sind gefurcht und nur zerstreut behaart.
3 Die Blätter haben unterschiedliche Formen, von ungeteilt bis tief gespalten.
4 Der Blattrand ist gezähnt, auf den Blattzähnen weich bedornt und nur wenig stechend.
5 Die Stängelblätter umfassen den Stängel mit herzförmigem Grund.
6 Unterhalb des Blütenkorbes finden sich bleich gelb-grüne, ungeteilte Hochblätter.
7 Die Blütenkörbe sind büschelig zu 2–6 an der Spitze der Pflanze angeordnet.
8 Die Blüten sind blassgelb.
9 Die Früchte haben einen langen Haarkranz.

Die Früchte sehen aus wie kleine Pinsel mit langen Haaren.

Der Wurzelstock liegt quer im Boden.

Auch die jüngsten Blätter haben schon feine Stacheln.

Wälder und Gebüsche

Bär-Lauch

Ein bärenstarker Jungbrunnen

mehrjährig | 0,4 m | April bis Mai | weiß

Allium ursinum

Standort: Der Bär-Lauch bevorzugt schattig-nährstoffreiche Standorte in meist feuchten Laubmisch- und Auenwäldern und im Besonderen in quelligen Rinnen und Schluchten.

Verwendung in der Küche

März–April
Blätter
Von März bis April kann man die stark nach Knoblauch duftenden Blätter des Bär-Lauchs zu Pesto verarbeiten oder in Kräuterquark, als Brotbelag, in Kräuterbutter, Kräuterkäse, Saucen und Gemüsegerichten genießen.

April–Mai
Blütenknospen und Blüten
Die Blütenknospen lassen sich wie Antipasti in Öl, Essig oder Salzlake einlegen. Die Blüten nutzt man von April bis Mai als essbare Dekoration.

Mai–Februar
Zwiebeln
Nachdem sich die Blätter der Pflanze zersetzt haben, kann man von Mai bis zum Februar des folgenden Jahres die etwa 20 cm tief in der Erde steckenden Zwiebeln einlegen oder, ähnlich der Knoblauchzehe, als scharfes Speisegewürz verwenden.

Juni
Samen
Im Juni kann man die noch grünen, runden Samen wie grünen Pfeffer unter Weichkäse, Saucen oder Gemüse mischen. Die ausgereiften Samen trocknet man und mahlt sie zu einem pfeffrigen Trockengewürz.

Geschmack: Die Pflanze schmeckt scharf, intensiv knoblauchartig und aromatisch.

Hinweis! Die Pflanze ähnelt den gefährlich giftigen Pflanzen Aronstab, Maiglöckchen und Herbstzeitlose, siehe Seite 241, 243, 245.

Rezeptidee

Blütenknospen in Öl: Bärlauchknospen waschen, mit Salz bestreuen und über Nacht ziehen lassen. Danach erneut gründlich waschen, abtropfen lassen und trocken tupfen. Die trockenen Knospen in saubere Schraubgläser füllen, mit Öl bedecken und kühl lagern.

Der Bär-Lauch tritt flächig in großen Herden auf.

Der Blütenstand ist kugelig und trägt bis zu 20 Blüten.

Junge Blätter sprießen aus dem Boden und haben noch nicht den markanten Stiel entwickelt.

Der sich in der Blüte entwickelnde Fruchtstand ist dreiteilig und grün.

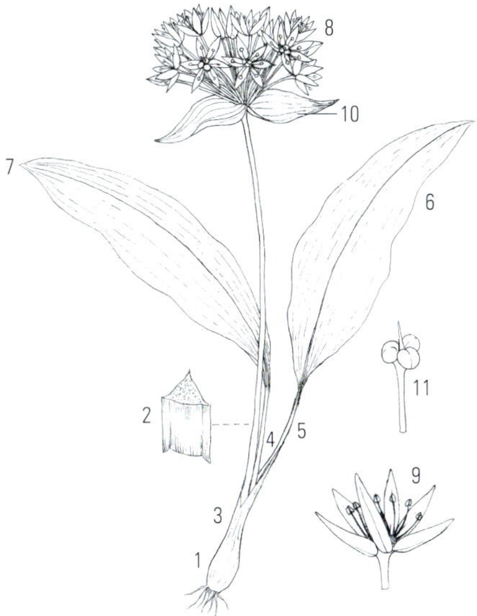

Blätter und Blütenknospe. Die Stängelbasis ist von einer weißlichen Haut umgeben.

1 Die Zwiebel ist sehr schmal, sie ist nur geringfügig von der Basis der beiden Laubblätter abgesetzt.
2 Die Blütenstängel sind im Querschnitt dreikantig und unbeblättert, sie werden bis über 40 cm lang.
3 Die Stängelbasis ist zumeist von einer weißlichen Haut umgeben.
4 Die Blätter entspringen meist zu zweien einer Zwiebel, sind länglich, ganzrandig und werden (ohne Stiel) bis über 20 cm lang.
5 Der Blattstiel ist hell gefärbt und wird im Unterschied zu den nur wenig gestielten Blättern des Maiglöckchens bis 20 cm lang.
6 Die Blattoberseiten glänzen, die Unterseiten sind matt.
7 Die Blattspitzen sind im Unterschied zum Maiglöckchen nach hinten gerichtet.
8 Der Blütenstand ist kugelig und trägt bis zu 20 Blüten.
9 Die Blütenhülle wird von 6 weißen, bis 1 cm langen Blütenhüllblättern (Perigonblättern) und 6 etwa halb so langen Staubblättern gebildet.
10 Die Knospenhülle vertrocknet rasch.
11 Der Fruchtstand ist lang gestielt, meist dreiteilig und grün.

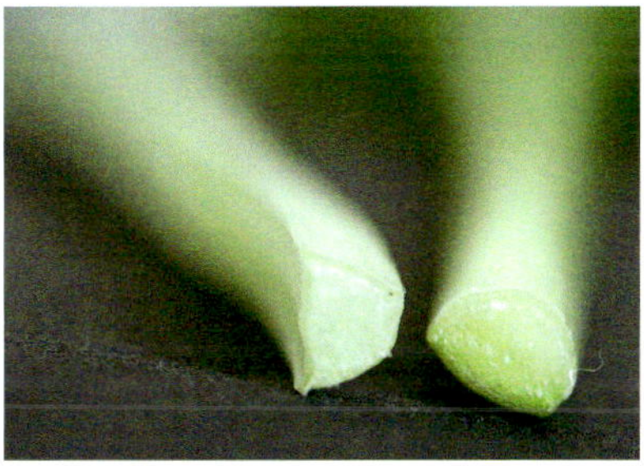

Kantiger Blütenstängel links. Blattstiel rechts.

Die Zwiebeln des Bär-Lauchs sind sehr schmal.

Knoblauchsrauke

Wilde Mischung aus Knoblauch und Senf

zweijährig | 1 m | April bis Mai | weiß

Alliaria petiolata

Standort: Die Knoblauchsrauke kommt an nährstoffreichen Standorten an Wald- und Wegrändern, im Auenwald sowie in Hecken und verwilderten Gärten vor.

Verwendung in der Küche

Herbst–Frühjahr
Wurzeln
Jeweils im Herbst und im Frühjahr, bevor die Pflanzen in die Höhe schießen, werden die Wurzeln geerntet und als scharfes Gewürz, zum Beispiel für Bratgerichte und Käseplatten, verwendet.

April–Juni
Blätter und Triebe
Von April bis Juni lassen sich die Blätter und jungen Triebe der Knoblauchsrauke als Küchengewürz oder als Grundlage verschiedener Salate, Gemüsegerichte, Gemüsefüllungen, für Aufläufe und Suppen, in Kräuterquark und Kräuterbutter verwerten oder als Pesto benutzen.

April–Mai
Blüten
Von April bis Mai eignen sich die Blütenstände als würzige, helle Speisendekoration.

Ende Mai–Juni bzw. Juli–August
Samen
Die jungen, grünen, noch zarten Samenschoten verwertet man von Ende Mai bis Juni als Frischgewürz zu diversen Speisen. Die ausgereiften Samen kann man von Juli bis August mahlen und mit etwas Essig und Salz zu Senf verarbeiten.

Geschmack: Der Grundgeschmack der Pflanze ist eine gute Mischung aus mildem Knoblauch und Senf. Die Wurzel schmeckt aromatisch scharf, ähnlich wie Meerrettich.

Rezeptidee

Wurzelpaste: Um die Geschmacksstoffe möglichst ohne Verlust einzufangen, die frisch geernteten Wurzeln der Knoblauchsrauke direkt in ein mildes Speiseöl raspeln. Es sollte eine pastenartige Konsistenz entstehen. Mit Salz abschmecken. Mundet vorzüglich aromatisch scharf.

Die zierlichen Blüten haben 4 weiße Blütenblätter.

Die Grundblätter sind rundlich. Die Stängelblätter dreieckig bis herzförmig.

Die Wurzel ist weiß und riecht beim Reiben nach Meerrettich.

Während der Fruchtreife verliert die Pflanze ihre Stängelblätter.

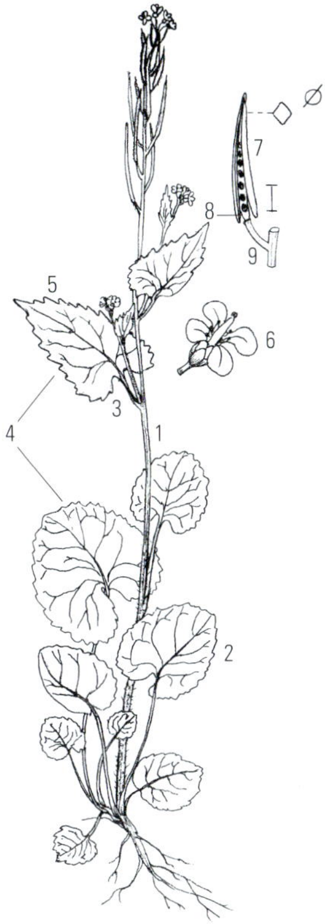

Die Frucht ist eine aufrecht gestellte Schote mit schwarzen Samen.

Die Stängelbasis ist behaart.

Im Frühjahr sieht man nur die Grundblätter.

1. Der Stängel ist aufrecht, kräftig, etwas kantig, überwiegend kahl und nur an der Basis stärker behaart.
2. Die Grundblätter sind lang gestielt, rundlich oder nieren- bis herzförmig und riechen beim Zerreiben nach Knoblauch.
3. Die Stängelblätter sind kurz gestielt und dreieckig bis herzförmig.
4. Alle Blätter sind kahl und dünn.
5. Der Blattrand ist buchtig und unregelmäßig gezähnt.
6. Die Blüten sind zierlich und weiß.
7. Bei der Frucht handelt es sich um eine bis 6 cm lange, vierkantige, aufrecht gestellte Schote mit 6–8 schwarzen Samen.
8. Bei Reife reißt die Schote von unten nach oben allmählich auf und fällt schließlich ab.
9. Der Fruchtstiel ist kurz und annähernd so dick wie die Schote.

Gewöhnlicher Hopfen

Gibt dem Bier Geschmack

mehrjährig | 6 m | Juli bis August | grün

Humulus lupulus

Standort: Der Hopfen wächst bevorzugt in Auenwäldern, aber auch in Gebüschen und Hecken.

Verwendung in der Küche

September–Frühjahr
Wurzeln
Ab September bis ins Frühjahr kann man die jungen Wurzeln als Backofen-, Pfannen- oder Kochgemüse verwenden.

April–Juli
Blätter und Triebe
Klein geschnitten kann man aus zarten Blättern und weichen Trieben von April bis Juli diverse Gemüsegerichte und Gemüsefüllungen zubereiten oder sie Salaten und Eierspeisen, wie zum Beispiel Omelett, beifügen. Die jungen, etwas kratzig wirkenden Triebspitzen des Hopfens eignen sich gut für eine Art Spargelgemüse. Man kann sie auch wie Spinat kochen oder roh ausgepresst zu frischem Gemüsesaft verarbeiten. Die reiferen Blätter und Pflanzenstängel mischte man früher unter Rauchtabak.

Juli–August
Blüten
Die männlichen Blüten verwendet man von Juli bis August gedünstet als zartes Gemüse. Die weiblichen Blüten sind mitunter etwas bitterer, können aber auch so verwendet werden.

August–September
Fruchtstände
Die Fruchtstände des Hopfens sind große, weiche Zapfen. Sie ergeben von August bis September die bekannte Bierwürze. Man kann sie aber auch zur Bereitung von Tee und Spirituosen nutzen.

Geschmack: Die Triebe des Hopfens schmecken spinatartig. Die Zapfen haben das typische Bieraroma.

Rezeptidee

Hopfen-Spargel: Von April bis in den Sommer die obersten Triebspitzen (ca. 30 cm) abschneiden, waschen und größere Blätter entfernen. Die Triebe in Salzwasser weich kochen. Anschließend heiß mit zerlassener Butter und Kräutersalz servieren. Passt gut zu Reis oder Kartoffeln.

Die männlichen Blüten stehen in Rispen und haben helle Blütenhüllen.

Die weiblichen Blütenstände sind lang gestielt.

Der Hopfen windet sich (rechts herum) mithilfe von lianenartigen Trieben.

Die Blätter sitzen paarweise an den Stängeln.

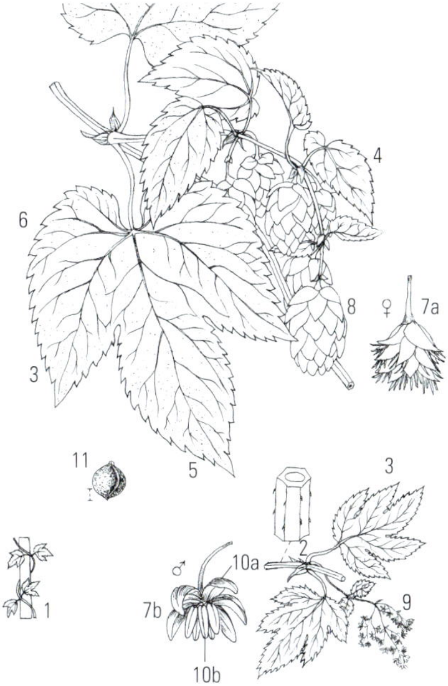

1 Der Hopfen windet sich (rechts herum) mithilfe von lianenartigen, 3–6 m langen, rauen Trieben an Gerüsten oder anderen Pflanzen hoch.
2 An den rauen Stängeln sind die Blätter paarweise angeordnet.
3 Die Blätter sind in der Mehrzahl drei- bis fünflappig, ihre Farbe ist dunkelgrün, die Beschaffenheit rau, fest.
4 Die oberen Blätter sind häufig ungeteilt.
5 Die Blattoberseiten sind durch angedrückte Borsten rau.
6 Der Blattrand ist stark gezähnt.
7 Der Hopfen ist zweihäusig, d.h. es gibt Pflanzen mit weiblichen (a) oder mit männlichen Blüten (b).
8 Die weiblichen Fruchtstände sind zapfenartig.
9 Die männlichen Blütenstände entspringen den Blattachseln.
10 Die männliche Blüte hat eine weißlichgrüne Blütenhülle (a) und 5 gelbliche Staubblätter (b).
11 Bei der Frucht handelt es sich um ein etwa 3 mm langes, helles Nüsschen.

Die dicken Wurzeln bilden vor allem im Frühjahr weiße Triebe aus.

In den hellen, reifen Zapfen liegt die Frucht.

Die Stängel sind rau und innen saftig.

Wald-Erdbeere

Süßer Genuss aus dem Wald

mehrjährig | 0,2 m | April bis Juni | weiß

Fragaria vesca

Standort: Die Wald-Erdbeere kommt häufig an Waldwegen und auf Waldlichtungen vor und bisweilen auch an Gebüsch- und Heckenrändern.

Verwendung in der Küche

März–April bzw. April–Juli
Blätter
Die noch weichen, jungen Blätter der Erdbeere können von März bis April als Zutat in verschiedene Salate, Gemüsegerichte und Gemüsefüllungen gegeben werden. Auch in Kräuterquark und Pesto lassen sie sich mischen. Die etwas festeren Blätter gebraucht man von April bis Juli eher zur Teebereitung, fermentiert können sie als koffeinfreier Ersatz für schwarzen Tee genommen werden.

April–Juni
Blüten
Von April bis Juni lässt sich auch aus den Blüten ein Tee bereiten. Mit Zuckerwasser besprüht und im Backofen langsam bei geringer Temperatur getrocknet, können sie als Süßigkeit gereicht werden.

Juni–Juli
Früchte
Von Juni bis Juli entwickelt die Pflanze die aromatischen Erdbeeren. Diese können zu Gelee und Fruchtaufstrichen verarbeitet oder in Speiseeis, Obstquark und ähnlichen süßen Desserts verwendet werden. Werden die Beeren ausgepresst, gewinnt man einen wohlschmeckenden Fruchtsaft, der auch zu Wein und Spirituosen weiterverarbeitet werden kann. Getrocknete Früchte eignen sich zur Teebereitung.

Geschmack: Die Blätter und Blüten der Wald-Erdbeere haben einen leicht säuerlich, grünteeartigen Geschmack. Die Beeren sind aromatischer als die handelsüblichen Erdbeeren.

Hinweis: Alle anderen mitteleuropäischen Erdbeerarten (Fragaria) sind in gleicher Weise verwendbar.

Rezeptidee

Erdbeertee: Man lässt die frischen Erdbeerblätter 20–30 Stunden anwelken, dann rollt man die leicht getrockenen Blätter in ein Tuch ein und walzt dieses ab (damit werden die Zellen aufgebrochen). Nun werden die Blätter mit zerstäubtem warmem Wasser angefeuchtet und in einem Tuch oder Leinensäckchen aufgehängt. Bei relativ warmer, gleichmäßiger Raumtemperatur 3–4 Tage fermentieren lassen. Dann die Blätter entnehmen und rasch an nicht erwärmter Luft trocknen. Die Erdbeer-Teeblätter nun luftdicht, trocken und verschlossen aufbewahren.

Die fünfzähligen Blüten sind reinweiß und haben zahlreiche Staubblätter.

Die grundständigen Blätter haben einen langen, zottig behaarten Stiel.

Der Fruchtkelch neigt sich zur Fruchtzeit von der Frucht weg.

Die Pflanze verbreitet sich durch oberirdische Ausläufer und bildet Tochterpflanzen.

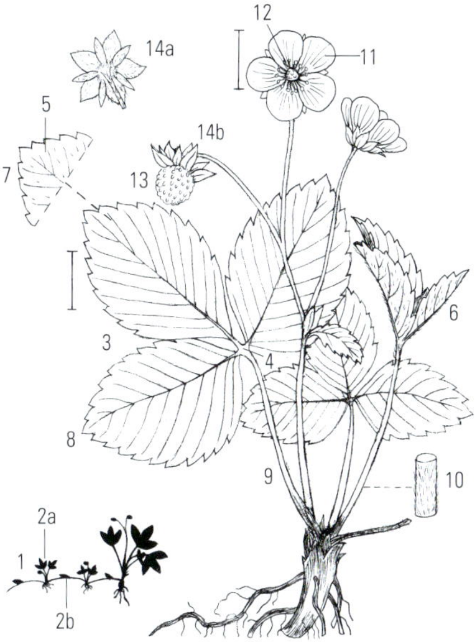

1 Die Pflanze bildet oberirdische Ausläufer.
2 Zwischen den Tochterpflanzen (a) wächst jeweils ein schuppenförmiges Niederblatt (b).
3 Die Blätter bestehen aus drei Teilblättern.
4 Das mittlere Teilblättchen ist kurz gestielt.
5 Die Blattoberseiten sind glänzend grün und zerstreut behaart.
6 Die Blattunterseiten sind bläulichgrün und v.a. auf den Blattnerven anliegend seidenhaarig.
7 Die Blattzähne haben rötliche Stachelspitzchen.
8 Der Endzahn jedes Teilblättchens ist größer als oder gleich groß wie die übrigen Blattzähne.
9 Die grundständigen Blätter sind lang gestielt.
10 Blattstiele und Stängel sind zottig behaart.
11 Die 5 Blütenblätter sind reinweiß.
12 Die Blüten haben zahlreiche Staubblätter.
13 Bei der Frucht handelt es sich um eine bis 2 cm dicke, rote, leicht abfallende Scheinbeere.
14 Der Fruchtkelch ist zweiteilig (a) und zur Fruchtzeit meist zurückgeschlagen (b).

Die Blattnerven auf den Unterseiten sind anliegend seidenhaarig.

Die Blattzähne zieren rötliche Stachelspitzchen.

Zwischen den Tochterpflanzen sitzt jeweils ein Niederblatt.

Wald-Sauerklee

Die Erfrischung des Wanderers

mehrjährig | 0,2 m | April bis Mai | weiß und purpurrot

Oxalis acetosella

Standort: Der Wald-Sauerklee kommt in schattigen Laub- und Nadelmischwäldern vor.

Verwendung in der Küche

März–September
Blätter

Die Blätter des Sauerklees lassen sich die ganze Vegetationsperiode über gut ernten. Sie werden kaum zäh. Am weichsten sind sie jedoch vor der Blüte von März bis April. Man nutzt sie als Zutat in Saucen, Salaten, Suppen und Gemüsesäften. Gern legt man die Blätter auch in Zucker ein, um diesem eine erfrischende Note zu geben, oder trocknet sie als Gewürz. Aufgrund ihrer schönen Form eignen sie sich auch als essbare Dekoration.

März–September
Wurzeln und Stiele

Beim Zupfen der Blätter kommen meistens die säuerlichen Blattstiele und Wurzeln mit. Man trennt sie von den Blättern, wiegt sie fein und gibt sie in Gemüsegerichte.

April–Mai
Blüten

Die Blüten können von April bis Mai jede Suppe zieren und erfrischen.

Mai
Früchte

Im Mai sammelt man die noch weichen Früchte, bevor sie im Juni zu hart werden, und nutzt sie als Gewürz beim Einlegen von Oliven oder Kapern.

Geschmack: Der Geschmack der Pflanze ist zitronenartig sauer-erfrischend.

Hinweis! Die Pflanze ist oxalsäurehaltig, jedoch kaum mehr als Spinat, Mangold oder Rhabarber. Oxalsäure kann, wenn sie über einen langen Zeitraum (mehrere Monate) regelmäßig eingenommen wird, zur Schädigung der Nieren führen. Oxalsäure ist wasserlöslich und kann durch Abkochen und Abgießen des Kochwassers entfernt werden. Alle heimischen Sauerkleearten (Oxalis) sind in gleicher Weise verwendbar.

Rezeptidee

Sauerklee-Risotto: Zwiebeln andünsten. Reis dazugeben und etwas anbraten. Nach und nach unter ständigem Rühren Gemüsebrühe hinzugießen und das Ganze etwa 30 Minuten bei kleiner Hitze sanft köcheln lassen, ab und zu umrühren. Anschließend in Streifen geschnittene Sauerklee-Blätter und -Blattstiele daruntermischen. Zum Servieren etwas Butter unterrühren und mit ganzen Sauerklee-Blättern garnieren.

Die Blüte ist weiß mit violetten Adern und hat im Zentrum 10 Staubblätter und 5 Griffel.

Die Kelchblätter sind oval, grün und werden bis 4 mm lang. Der Blütenstiel ist spärlich behaart.

Die Pflanze tritt flächig auf und verbreitet sich mit unterirdischen Ausläufern.

Die Blätter sind behaart, grundständig, lang gestielt und unten oft rötlich überlaufen.

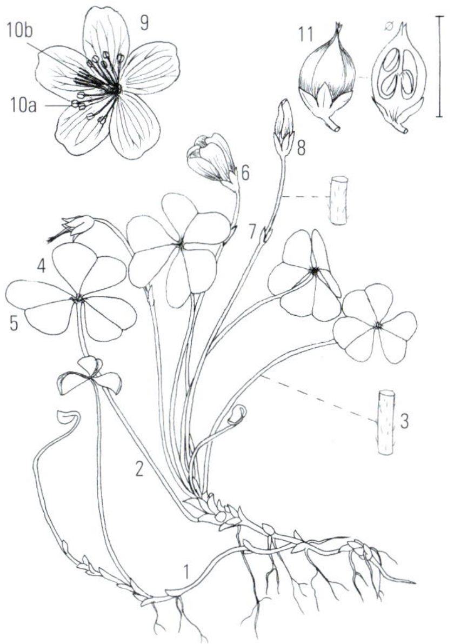

1 Die Pflanze hat weitkriechende, mit schuppigen Blättern besetzte, unterirdische Ausläufer.
2 Die Blätter sind grundständig und lang gestielt.
3 Der Blattstiel ist spärlich behaart und häufig rot überlaufen.
4 Die Blätter bestehen aus 3 Teilblättern, auf der Unterseite sind sie zuweilen rot überlaufen.
5 Die Teilblättchen sind herzförmig gestaltet.
6 Die Blüten sind lang gestielt und einzeln am spärlich behaarten Blütenstiel angeordnet.
7 Am Blütenstiel befindet sich ein Paar klein bleibender Blätter (Vorblätter).
8 Die Kelchblätter sind oval, grün und werden bis 4 mm lang.
9 Die Blütenkrone ist fünfteilig und weiß mit violetten Adern.
10 Im Zentrum der Blüte befinden sich 10 Staubblätter (a) und 5 Griffel (b).
11 Die Frucht ist eine fünffächerige Kapsel, die bis etwa 1 cm lang wird. In der Abbildung sind 2 der 5 Fächer aufgeschnitten.

Die Blätter bestehen aus 3 Teilblättern, auch auf der Unterseite sind sie behaart.

Der Blattstiel ist wie der Blütenstiel spärlich behaart.

Ährige Teufelskralle

Das edelste Wildgemüse

mehrjährig | 0,8 m | Mai bis Juli | gelblich weiß

Phyteuma spicatum agg.

Standort: Die Ährige Teufelskralle wächst auf nährstoffreichen Böden in Wäldern, insbesondere in Buchenwäldern, und kommt auch auf Bergwiesen vor.

Verwendung in der Küche

September–Mai
Wurzeln

Das Hauptinteresse bei der Pflanze galt immer schon ihrer großen Wurzel. Von September bis weit in den Frühsommer kann man sie ernten. Sie bleibt auch im vorangeschrittenen Jahr relativ weich. Man kann sie gewaschen in Rohkostspeisen raspeln, getrocknet einen würzigen Tee aus ihr bereiten und den aromatischen Geschmack der Wurzelschale als Würze verwenden. Geschält und im Ofen wie Kartoffeln gebacken, lassen sich aus den Wurzeln Salate zubereiten. Die Wurzeln können aber auch in der Pfanne in Öl gebraten werden.

April–Mai
Blätter

Von April bis Mai pflückt man die Blätter und nutzt sie als Belag für Butterbrote, für Salate, Spinatgerichte und Pürees.

April–Juli
Blüten

Ebenfalls von April bis Mai lassen sich die jungen, noch geschlossenen Blütentriebe spargelähnlich anrichten. Man kann sie auch klein würfeln und zu einem mit Käse überbackenen Gemüseauflauf zube-reiten. Von Mai bis Juli sind die Blüten eine herrliche Dekoration auf frischen Salaten und anderen Gerichten.

Geschmack: Die Ährige Teufelskralle gehört zu den geschmackvollsten Wildgemüsearten. Der Grundgeschmack der Pflanze ist mild-nussig. Die Wurzel ist herber, wird aber beim Backen milder.

Rezeptidee

Wildes Wokgemüse: Zarte Triebspitzen reinigen und mundgerecht schneiden. Ein paar klein geschnittene Zwiebeln mit Butter in einer hohen Pfanne oder einem Wok andünsten, das Wildgemüse dazugeben und kurz braten, sodass es innen noch knackig ist. Vom Herd nehmen und mit grobem Salz und frisch gemahlenem Pfeffer würzen. Passt hervorragend zu frisch gebackenem Bauernbrot.

Die Blüten sind vor dem Aufblühen deutlich nach oben gekrümmt.

Die Blätter sind am Stängel wechselständig angeordnet.

Die typische Form des Blütenstandes entsteht bereits, bevor der Blütenstiel emporwächst.

Die Blätter sind im Zentrum zuweilen schwarz gefleckt. Der Blattrand ist gezähnt.

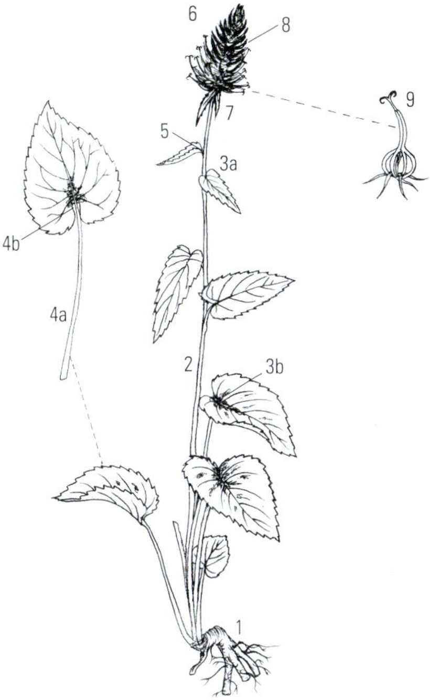

Anhand des vertrockneten Fruchtstandes kann man die Pflanze im Herbst noch auffinden.

1 Die Wurzeln sind rübenförmig verdickt.
2 Der Stängel wächst aufrecht, er ist nicht verzweigt.
3 Die Blätter sind am Stängel wechselständig angeordnet (a), ungeteilt und im Zentrum zuweilen schwarz gefleckt (b). Der Blattrand ist gezähnt.
4 Dio Grundblätter sind lang gestielt (a), im Umriss sind sie dreieckig bis spitz eiförmig, an der Basis herzförmig eingebuchtet (b).
5 Die oberen Stängelblätter sind sitzend angeordnet, sie sind im Umriss länglich.
6 Bei dem Blütenstand handelt es sich um cinc walzenförmige oder zylindrische Ähre.
7 An der Blütenstandsbasis wachsen schmal-längliche Hochblätter, die kürzer sind als der Blütenstand.
8 Die Blüten sind (gelblich-)weiß, mit grünlicher Spitze; vor dem Aufblühen sind sie deutlich nach oben gekrümmt.
9 Griffel und Narben ragen lang aus der Blütenkrone heraus.

Die Wurzeln haben rübenförmige Verdickungen.

Gewöhnlicher Dost

Das wilde Pizzagewürz

mehrjährig | 0,6 m | Juli bis Oktober | purpurrot

Origanum vulgare

Standort: Dost gedeiht an sonnigen, trockenen Standorten an besonnten Wald- und Gebüschrändern, in lichten Eichen- und Kiefernwäldern sowie auf Magerwiesen.

Verwendung in der Küche

April–Oktober
Blätter, Blütentriebe und Stängel
Die Blätter des Dostes riechen weniger aromatisch als die blühenden Triebspitzen. Verwenden kann man sie beide, frisch oder getrocknet, von April bis September. Man kann sie zum Aromatisieren von Kaltschalen oder kaltem Tee benutzen, früher wurden auch Biere damit gebraut und andere Spirituosen aromatisiert, aber am gebräuchlichsten ist die Verwendung als Salatsaucen-, Pizza- und Gemüsegewürz. Von Juli bis Oktober können die dann verholzten Stängel als aromaspendende Spieße in Rouladen gesteckt oder in Suppen mitgekocht werden.

Juli–Oktober
Blüten
Die ausgezupften Blüten ergeben von Juli bis Oktober eine hübsche essbare Dekoration auf jeglichen süßen oder salzigen Gerichten.

Geschmack: Der Grundgeschmack ist typisch oregano-majoran-artig. Die Pflanze duftet aromatisch.

Rezeptidee

Wilder-Dost-Kräuterbutter: Butter Raumtemperatur annehmen lassen. Reichlich Dostblätter vom Stängel zupfen und trocken reinigen. Die blühenden oder noch knospigen, roten Blütentriebspitzen ebenfalls trocken säubern. Blüten pflücken und reinigen. Alle holzigen Stängel entfernen. Zwei Drittel der Triebspitzen mit den Fingerspitzen auseinanderzupfen und zur Seite legen. Die restlichen Triebspitzen und die Blätter fein hacken und in die Butter einarbeiten, salzen und nach Wunsch mit fein gehackter Zwiebel und Zitronensaft abschmecken. Sehr schön machen sich darin einige der farbigen Blüten. Die restlichen Blüten klein gezupft auf einem Backpapier auslegen, die Buttermasse darin wälzen und mit den Blüten ummanteln. Mindestens 1 Stunde im Kühlschrank fest werden lassen.

Mehrere end- und seitenständige Teilblütenstände bilden den Gesamt-Blütenstand.

2 der 4 Staubblätter sind länger als die Blütenkrone.

Die Blätter sind paarweise versetzt (kreuzgegenständig) am Stängel angeordnet.

Der Stängel ist vierkantig bis rundlich, behaart und häufig rötlich überlaufen.

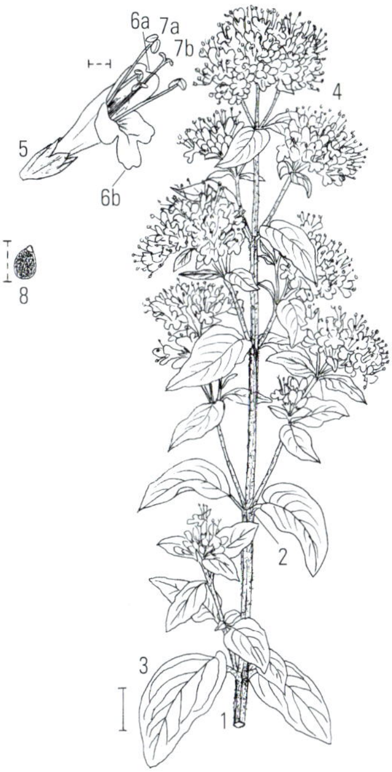

1 Der an der Basis verholzende Stängel ist vierkantig bis rundlich, behaart, häufig rötlich überlaufen und im oberen Drittel verzweigt.
2 Die kurz gestielten Blätter sitzen paarweise versetzt (kreuz-gegenständig) am Stängel.
3 Die Blattflächen sind eiförmig, ihre Beschaffenheit ist derb, sie werden bis 4 cm lang.
4 Mehrere köpfchenförmige end- und seitenständige Teilblütenstände vereinigen sich zu einem reichhaltigen Gesamt-Blütenstand.
5 Der Blütenkelch ist fünfzähnig, die Zähne sind etwa von gleicher Länge.
6 Die Blütenkrone ist rötlich, bis 7 mm lang, mit einer flachen, zumeist eingebuchteten Oberlippe (a) und einer deutlich dreiteiligen Unterlippe (b).
7 2 der 4 Staubblätter (a) und der Griffel (b) ragen aus der Blütenkrone heraus.
8 Die kleinen Teilfrüchte sind braun und glatt, sie werden etwa 1 mm lang und entstammen einer vierteiligen Frucht.

Die Blätter sind kurz gestielt, eiförmig und derb, sie werden bis 4 cm lang.

Die kleinen braunen und glatten Teilfrüchte erreichen eine Länge von etwa 1 mm.

Wald-Ziest

Die würzige Waldblume

mehrjährig | 1 m | Juni bis September | rot

Stachys sylvatica

Standort: Der Wald-Ziest wächst bevorzugt an feuchten und nährstoffreichen Plätzen in schattigen Laubwäldern, wie zum Beispiel an Waldwegrändern und in quelligen Bereichen.

Verwendung in der Küche

September–Frühjahr
Wurzeln
Von September bis ins Frühjahr hinein kann man, sofern der Boden nicht gefroren ist, die Wurzeln ernten und weiche Wurzelteile als feinwürziges Gemüse kochen oder backen. Getrocknet und gemahlen werden die Wurzeln, um sie als eine Art Gemüsemehl für Breie und Brote zu nutzen.

April–Juni
Blätter und Stängelbasis
Der Wald-Ziest bietet von April bis Juni junge, feinflauschige Blätter, die gehackt in Kräutermischungen, Kräuterkäse, Salate und Salatsaucen, aber auch als Zutat in Kräuterpüree und als Beilage zu Bratgerichten gegeben werden können. Eine besondere Spezialität ist die Verwendung in Suppen oder Bouillons. Für den Vorrat trocknet man die Blätter als eine Art Grillgewürz oder mariniert sie in Öl. Die Stängelbasis am Ansatz zur Wurzel wird im April geschält und zu einem würzigen Pfannengemüse verarbeitet.

Juni–September
Blüten
Die Blüten ergeben von Juni bis September eine hübsche essbare Dekoration. Sie werten farblich jede Hackkräutermischung auf.

Geschmack: Der Grundgeschmack der streng würzig-aromatisch duftenden Pflanze erinnert in Zubereitungen an Steinpilze. Beim Reiben der Blätter dauert es ein paar Sekunden, bis der Pilzgeruch auftritt.

Rezeptidee

Ziest-Chips: Schön geformte Ziestblätter waschen und gegebenenfalls die Stiele abzupfen. Die rohen Blätter mithilfe zweier Gabeln vorsichtig in heißem Öl knusprig frittieren. Anschließend die Blätter auf einem Küchenpapier abtropfen lassen, nach Geschmack salzen und würzen. Dann abkühlen lassen. Schmeckt prima als kleine Knabberei, kann aber auch als dekorative Beigabe zu jedem herzhaften Gericht gereicht werden.

Der Gesamt-Blütenstand ist kerzenartig und besteht aus mehreren Etagen von Blütenquirlen.

Die vierkantigen Stängel stehen aufrecht und sind weich behaart.

Die Blattränder sind grob gezähnt, die Blätter weich behaart.

Die Frucht im Kelch besteht aus 4 kleinen Nüsschen.

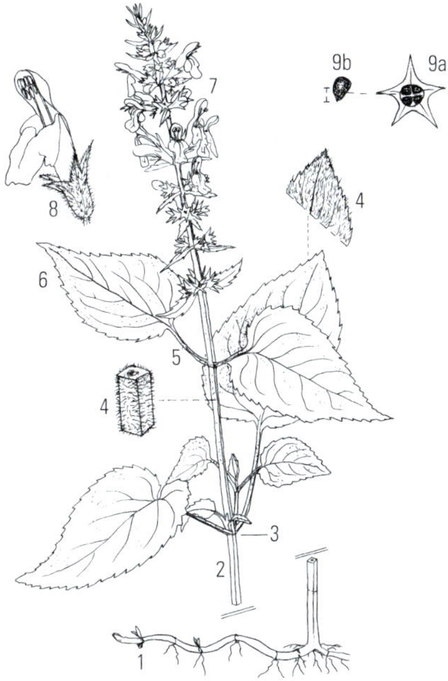

1 Der Wald-Ziest bildet lange unterirdische Ausläufer.
2 Die Stängel stehen steif aufrecht, im Querschnitt sind sie vierkantig.
3 Die paarig angeordneten, bis etwa 8 cm langen, gestielten Blätter stehen sich kreuzweise gegenüber.
4 Stängel, Blätter und Blattstiele sind weich behaart.
5 Die Blätter sitzen auf bis zu 7 cm langen Blattstielen.
6 Die Blattränder sind grob gezähnt.
7 Der Gesamt-Blütenstand ist kerzenartig ausgebildet und besteht aus meist sechsblütigen, etagenartig übereinander angeordneten, quirlartigen Teilblütenständen.
8 Die Blütenkelche sind spitz fünfzähnig, behaart und häufig rötlich-braun überlaufen.
9 Die Frucht (a) besteht aus 4 glatten, bis 2 mm langen Teilfrüchten (b) (Nüsschen).

Die Blütenkelche sind spitz fünfzähnig und behaart.

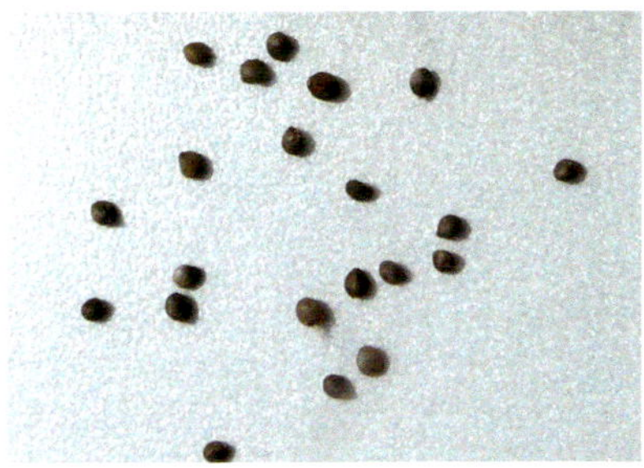

Die Teilfrüchte fallen im Herbst aus dem Kelch.

Der Wald-Ziest steht gerne in Gruppen, denn er verbreitet sich durch unterirdische Ausläufer.

Gefleckte Taubnessel

Das Gemüse-Multitalent

mehrjährig | 0,6 m | April bis Oktober | purpurrot

Lamium maculatum

Standort: An frischen bis feuchten, nährstoffreichen Standorten in Auen- und Laubwäldern, an Wald-, Weg- und Heckenrändern sowie auf Schuttplätzen.

Verwendung in der Küche

Februar–Oktober
Blätter und Triebspitzen
Das Kraut der Taubnesseln dient nahezu die ganze Vegetationsperiode über als hervorragende Grundlage für schmackhafte, aromatische Teemischungen. Junge Blätter und Triebspitzen bieten sich vor der Blüte ab Februar und noch während der Hauptblüte im April als Salat an. Als Gemüse gekocht sind die Blätter und Triebspitzen relativ mild und besonders gut als Suppengemüse geeignet. Sie können auch als spinatähnliches Gemüse oder als Hauptgemüsezutat eines Auflaufes zubereitet werden.

April–Oktober
Blüten
Von April bis Oktober eignen sich die Blüten für süße Desserts, aber auch zusammen mit den Blättern als dekoratives Gewürz in herzhaft bunter Kräuterbutter und als krönender Abschluss über Salaten.

Mai–September
Früchte
Ab Ende Mai bis in den September findet man in den nach dem Abfallen der Blüte stehen bleibenden Kelchen die Früchte. Sie können gesammelt und nachgetrocknet werden. Im Winter zieht man sie auf der Fensterbank als frische Keimlinge, beispielsweise für Salate.

September–November
Wurzeln
Die neuen Wurzeln der Triebausläufer verwendet man vorwiegend im Herbst als rohe Knabberei, in Salaten oder in Suppen.

Geschmack: Das Kraut, die Keimlinge und die feinen Wurzeln haben einen feinwürzigen Pilzgeschmack. Die Behaarung ist an zarten Pflanzenteilen nicht störend.

Rezeptidee

Vitalgetränk: Gesäuberte Triebspitzen roh im Mixer mit Wasser pürieren, anschließend durch ein Sieb gießen, um grobe Teile zu entfernen. Den Saft nach Belieben abschmecken, zum Beispiel süß mit Honig, pikant oder salzig. Sehr schmackhaft wird der Saft auch, wenn man süße Früchte, etwa Äpfel oder Bananen, mitpüriert. Dies ergibt dann einen sogenannten »Grünen Smoothie«.

Die Blüten-Unterlippe ist rötlich-weiß gefleckt. Die rötlichen Staubbeutel sind zottig behaart.

Stängel, Blätter und Kelche sind behaart.

Die Teilfrüchte sind dreikantig und glatt.

Der Stängel ist vierkantig und innen hohl.

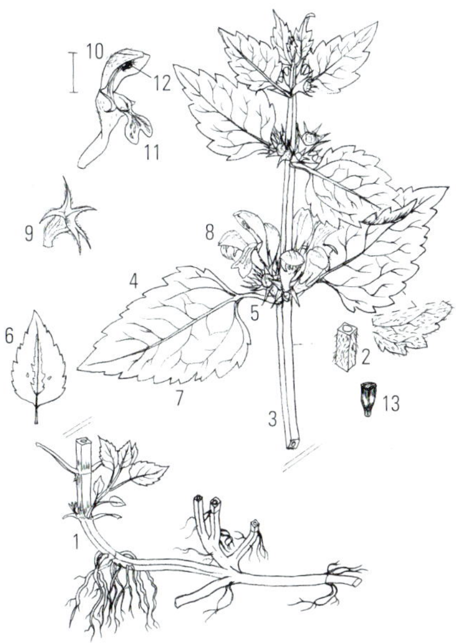

Die Ausläufer der Pflanze enden in aufsteigenden Blütensprossen.

1 Die Pflanze besitzt ober- und unterirdische Ausläufer, die in Blütensprossen enden.
2 Die ganze Pflanze ist behaart.
3 Der Stängel ist kantig, unten rot überlaufen.
4 Die Blätter sind dreieckig oder herzförmig und bis 5, in Ausnahmefällen bis 8 cm lang.
5 Alle Blätter sind 1–4 cm lang gestielt.
6 Auf den Blattoberflächen findet sich besonders im Winter häufig ein heller Mittelstreif.
7 Der Blattrand hat unregelmäßige, teils abgerundete Zähne.
8 Der Blütenstand wird aus quirlartigen, sechs- bis sechzehnblütigen Teilblütenständen gebildet.
9 Der Kelch ist teilweise rötlich, mit lang zugespitzten, sternförmig ausgebreiteten Zähnen.
10 Die Blütenkrone ist purpurrot, bis 3 cm lang.
11 Die Blüten-Unterlippe ist dreiteilig und rötlich-weiß gefleckt.
12 Die rötlichen Staubbeutel sind zottig behaart.
13 Die Teilfrüchte sind glatt und dreikantig. Sie stammen aus einer vierteiligen Frucht.

Der Kelch ist teilweise rötlich.

Der Blattrand ist mit unregelmäßigen, teils abgerundeten Zähnen versehen.

Echte Goldnessel

Das Glitzern am Waldboden

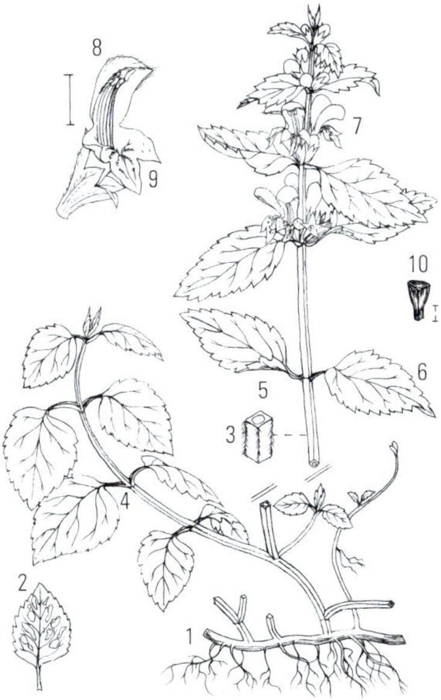

mehrjährig | 0,6 m | April bis Juli | gelb

Galeobdolon luteum agg.

Standort: Die Goldnessel kommt in Laub- und Nadelmischwäldern vor und insbesondere in Wäldern der Bachauen.

Verwendung in der Küche

Die Pflanze ist ähnlich zu verwenden wie die Gefleckte Taubnessel (Seite 69).
Geschmack: Die Pflanze ist im Aroma der Gefleckten Taubnessel ähnlich, jedoch sind die Stängel und Blätter fester im Biss und weniger saftig.

Die gelbe Blütenkrone ist kurz behaart.

Einige Unterarten der Pflanze haben gefleckte Blätter. Die Unterseite ist oft rot überlaufen.

1 Die meisten Unterarten der Goldnessel bilden lange Ausläufer.
2 Die Blätter sind von dunkelgrüner Farbe, es gibt Unterarten mit weiß gefleckten Blättern.
3 Die Stängel sind wenigstens auf den Kanten behaart.
4 Die Blätter sind eiförmig, gestielt und gegenständig am Stängel angeordnet.
5 Die Blattunterseiten sind bisweilen rot überlaufen.
6 Die Blattränder sind grob und unregelmäßig gezähnt.
7 Die Blüten wachsen in 2–5 etagenförmig angeordneten, quirlartigen, zwei- bis sechzehnblütigen Teilblütenständen.
8 Die Oberlippe der blass- bis goldgelb gefärbten Blütenkrone ist schwach gewölbt und kurz behaart.
9 Die Unterlippen sind deutlich dreiteilig und oftmals rötlich gezeichnet.
10 Die Früchte sind vierteilig, bei den Teilfrüchten handelt es sich um kleine Nüsschen.

Äcker, Gärten und Weinberge

Purpur-Taubnessel

Das Gemüse-Multitalent in Rot

mehrjährig | 0,3 m | März bis Oktober | rötlich

Lamium purpureum

Standort: Die Pflanze bevorzugt vom Menschen stark geprägte, nährstoffreiche Standorte, zum Beispiel Weinberge, Gärten, Äcker, Schuttplätze und Wegränder.

Verwendung in der Küche

Die Pflanze ist geschmacklich identisch und genauso zu verwenden wie die Gefleckte Taubnessel (Seite 69).
Hinweis: Die Pflanze hat einen schwach unangenehmen Geruch.

Die Blüten-Unterlippe ist fast immer ohne weiße Flecken.

Die Blätter werden nur bis etwa 2 cm lang.

1 Die Stängel sind kantig, grün oder rotviolett und häufig schon am Grunde verzweigt.
2 Die oberen Blätter sind bis 1 cm lang gestielt.
3 Die herzförmigen Blätter erreichen nur eine Länge bis etwa 2 cm.
4 Die Blattränder sind schwach gekerbt oder stumpf gezähnt.
5 Die in den oberen Blattwinkeln befindlichen, quirlartigen Teilblütenstände sind dicht gedrängt und beinhalten jeweils 6–10 Blüten.
6 Die purpurrote Blütenkrone wird im Unterschied zur ähnlichen Gefleckten Taubnessel nur bis etwa 1 cm lang.
7 Die Kronröhre ist gerade ausgebildet.
8 Die Blüten-Unterlippe ist nicht oder nur wenig gefleckt.
9 Die Staubbeutel sind violett gefärbt und zottig bewimpert.
10 4 glatte und graue Nüsschen (a) bilden gemeinsam die vierteilige Frucht (b).

Stechender Hohlzahn

Der Sattmacher

einjährig | 1,0 m | Juni bis Okt. | rosa bis purpurrot

Galeopsis tetrahit

Standort: Der Stechende Hohlzahn kommt bevorzugt auf Waldschlägen und Äckern sowie an Wegrändern und Schuttplätzen vor.

Verwendung in der Küche

Mai–Oktober
Blätter und Triebspitzen
Von Mai bis Oktober werden die Blätter und Triebspitzen des Hohlzahns roh als Grundlage verschiedener Salate verwendet. Erwärmt nutzt man sie für Gemüsefüllungen, als Zutat für Aufläufe und Suppen, Gemüsegerichte, Kräuterpüree (Spinat), Eintöpfe, Bratlinge, Krautgemüsebrote, Quiche, Eierspeisen (Omelett, Rührei) oder Kräuterquark.

Juni–Oktober
Blüten
Von Juni bis Oktober können die bunten Blüten als essbare Dekoration benutzt werden.

Oktober
Früchte
Im Oktober gewinnt man aus den Früchten ein zartbitteres Speiseöl. Die Früchte werden geschrotet und in einer Ölmühle ausgepresst. Man kann den Schrot auch in heißes Wasser geben und das dann austretende Öl abschöpfen. Aus getrockneten Früchten lassen sich auch junge Keimlinge ziehen.

Geschmack: Die Pflanze hat einen sehr milden, kaum würzigen Geschmack. Sie ist daher als Grundlage für viele Gerichte zu verwenden.

Hinweis: Alle anderen mitteleuropäischen Hohlzahnarten (Galeopsis) verwendet man ebenso.

Rezeptidee

Zart säuerliches Gemüse: Zarte Pflanzenteile (Triebspitzen, Blätter, Blüten) waschen und klein schneiden. Dann in Salzwasser weich dünsten und herausnehmen. Mit etwas Zitronensaft und Gewürzen abschmecken und nach Belieben mit etwas Mehl binden. Zum Servieren Butterflocken daraufgeben oder eine Sauce nach Wahl dazu reichen. Schmeckt prima und macht satt!

Die Blüten-Unterlippe hat zwei Ausstülpungen, die wie hohle Zähne erscheinen.

Die Pflanze hat überall auf der Oberfläche raue Haare.

Die Frucht ist vierteilig, bei den Teilfrüchten handelt es sich um eiförmige Nüsschen.

Die vierkantigen Stängel sind im Bereich der Blattansätze deutlich verdickt.

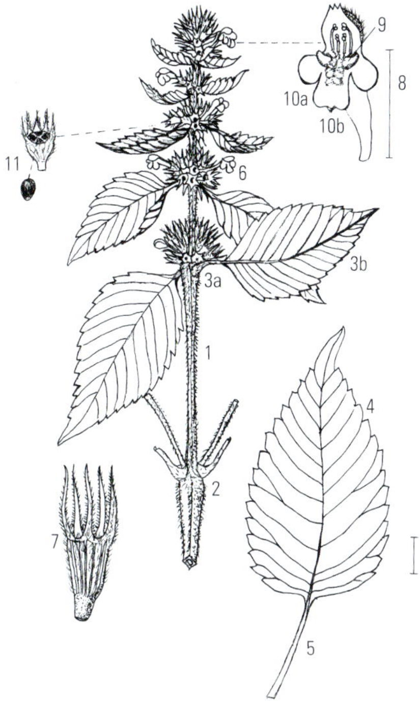

Die gegenständig angeordneten Blätter sind eiförmig und oben zugespitzt.

1 Die ganze Pflanze ist rau behaart.
2 Die vierkantigen Stängel haben im Bereich der Blattansätze deutliche Verdickungen.
3 Die gegenständig am Stängel angeordneten Blätter (a) sind eiförmig, oben zugespitzt (b) und werden bis etwa 8 cm lang.
4 Eine Blatthälfte hat mehr als 10 Blattrandzähne.
5 Die Blattstiele werden bis 4 cm lang.
6 Die Blüten sind in 2–7 reichblütigen, quirlartigen Teilblütenständen angeordnet.
7 Der Blütenkelch trägt an seiner Spitze 5 grannenartig zugespitzte Kelchzähne.
8 Die Blütenfarbe variiert (weiß bis rot, auch gelb möglich). Die Blüten werden etwa 1,5 cm lang.
9 Die Blüten-Unterlippe ist zahnförmig ausgestülpt.
10 Der Mittellappen der Unterlippe ist annähernd quadratisch (a), oft mit einem spitzen Zähnchen (b) vorne.
11 Die Frucht ist vierteilig, die Teilfrüchte sind eiförmige Nüsschen.

Die Blätter haben eine ausgeprägte, typisch regelmäßige Nervatur.

Gewöhnlicher Gundermann

Aromateppich am Waldrand

mehrjährig | 0,2 m | April bis Mai | blau oder violett

Glechoma hederacea

Standort: Vorkommen an meist frischen bis feuchten, nährstoffreichen Standorten in Auenwäldern, an Wald-, Gebüsch- und Heckenrändern sowie in lückigen Wiesen und Weiden.

Verwendung in der Küche

März–Juni
Blätter und Triebspitzen
Von März bis Juni benutzt man die Blätter des Gundermanns als Aromaspender. Sie können roh zur Erfrischung des Atems gegessen oder zum Würzen von Tee, Kräuterlikör, Kräuterwein, Schnaps und Bier oder als Aroma für Würzöle verwendet werden. Zarte Blätter und zarte Triebspitzen sind von März bis Mai eine gute Zutat für Salate, Suppen, Eierspeisen (Omelett, Rührei), Quiche, Eintöpfe, Kräuterkäse, Kräuterbutter oder Kräuterquark.

April–Mai
Blüten
Von April bis Ende Mai können die Blüten als essbare Dekoration zu Salaten, Aufstrichen oder als Aroma für Gemüse und Speiseöl verwendet werden.

Geschmack: Der Geschmack der beim Zerreiben sehr wohlaromatisch und appetitanregend duftenden Pflanze ist herb-aromatisch. Die Blüten schmecken zart süßlich.

Hinweis: Aufgrund der starken ätherischen Öle nur als Gewürz in kleinen Mengen verwenden!

Rezeptidee

Gundermann-Schokolade: Gundermannblätter langsam und schonend trocknen. Schokoladenkuvertüre vorsichtig über einem Wasserbad schmelzen. Es darf kein Wassertropfen in die Schokolade spritzen. Die getrockneten aromatischen Blätter hineinrebeln und unterrühren. Die Schokolade auf einem Backpapier dünn ausstreichen, abkühlen und fest werden lassen. Im Kühlschrank lagern und kühl servieren.

Der Mittellappen der Blüten-Unterlippe ist sehr breit und vorne eingebuchtet.

Auf dem Blütenkelch ist die zottige Behaarung deutlich zu erkennen.

Alle Grundblätter sind sehr lang gestielt und bilden einen bodendeckenden Teppich.

Der Blattstiel der Stängelblätter ist etwa genauso lang wie die Blattfläche.

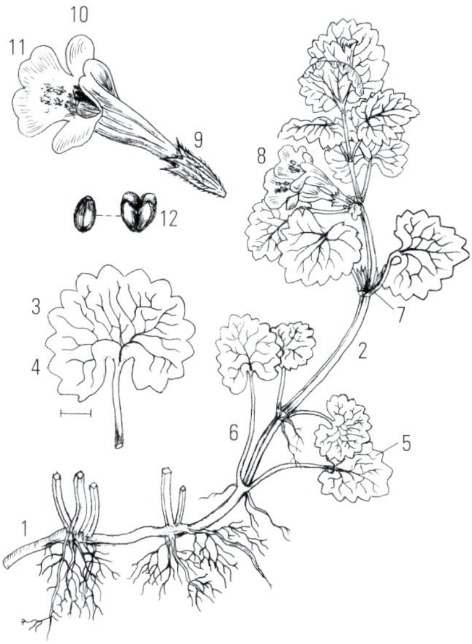

1 Der Gundermann treibt lange, oberirdische, an den Knoten wurzelnde Ausläufer.
2 Die Stängel sind dicht beblättert, und von kriechendem, vorne aufsteigendem Wuchs.
3 Die Blätter sind rundlich bis nierenförmig und werden im Durchmesser bis 5 cm groß.
4 Der Blattrand ist buchtig gekerbt.
5 Die Blattoberseiten sind glänzend dunkelgrün.
6 Alle Grundblätter sind sehr lang gestielt.
7 Der Blattstiel der Stängelblätter ist etwa genauso lang wie oder wenig länger als die Blattfläche.
8 Die Blüten sitzen zu 2–3 in den Blattwinkeln.
9 Der Blütenkelch ist vor allem auf den vortretenden Nerven zottig behaart.
10 Die blau-violette Blütenkrone ist lippenförmig.
11 Der Mittellappen der Blüten-Unterlippe ist stark vergrößert und in der Mitte eingebuchtet.
12 Die Frucht ist vierteilig, bei den Teilfrüchten handelt es sich um kleine, eiförmig-dreikantige, glatte Nüsschen.

Der Gundermann treibt oberirdische Ausläufer.

Vor allem die jungen Stängel sind dicht beblättert.

Zottiges Franzosenkraut

Der nussige Salat am Wegesrand

einjährig | 0,7 m | Juni bis Oktober | gelb und weiß

Galinsoga quadriradiata

Standort: Das Zottige Franzosenkraut wächst an nährstoffreichen Standorten in Äckern, Gärten, Weinbergen sowie an Weg- und Straßenrändern.

Verwendung in der Küche

Mai–Oktober
Blätter, Triebspitzen, Blütenknospen, Blüten
Zarte Blätter, Triebspitzen, Blütenknospen und Blüten ergeben roh von Mai bis September eine hervorragende Salatgrundlage. Die ganze Pflanze, ausgenommen die zu zähen Stängel, verwendet man als Spinat, für Eintöpfe und für andere Gemüsegerichte oder für Kräutersuppen. Das getrocknete Kraut lässt sich als Suppeneinlage in Gläsern bevorraten. Aus dem frischen Kraut kann man in einem Entsafter Gemüsesaft gewinnen. Ab Oktober werden die Blätter dafür meist zu trocken. Die Blüten können dann aber immer noch genutzt werden.

Juli–Oktober
Früchte
Von Juli bis Oktober bildet das Zottige Franzosenkraut immer wieder neue Früchte, die man leicht ausschütteln kann. Aus den Früchten lässt sich Speiseöl pressen, oder man trocknet sie in der Sonne und nutzt sie im Winter auf der warmen Fensterbank als vitaminreiche Keimsaat.

Geschmack: Der Grundgeschmack der Pflanze ist charakteristisch nussig und erinnert an frischen Schnittsalat.

Rezeptidee

Franzosenkrautsalat mit Avocadowürfeln:
2 Handvoll Franzosenkrautspitzen waschen und abtropfen lassen, grobe Stängel entfernen. Die Triebspitzen in mundgerechte Stücke zupfen. Etwas Zitronensaft, Wasser, Olivenöl und Salz zu einem Dressing verrühren und mit dem Franzosenkrautsalat mischen. 1 Avocado schälen, klein würfeln und nach Belieben davon über den Salat streuen.

Die Blätter sind eiförmig und beidseits behaart.

5 weiße, zungenförmige Randblüten umgeben ein Zentrum gelber Röhrenblüten.

Die Hülle der Blütenköpfchen und der Stielbereich darunter ist drüsig behaart.

Die ganze Pflanze verzweigt sich mehrfach.

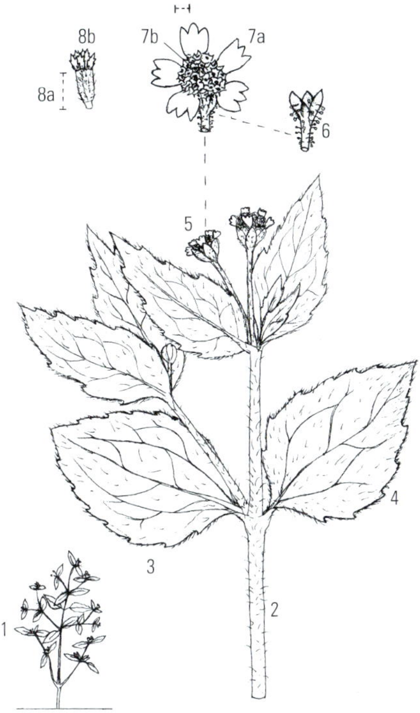

1 Die ganze Pflanze ist stark verzweigt.
2 Die Stängel sind abstehend behaart.
3 Die Blätter sind gegenständig am Stängel angeordnet, eiförmig, dunkelgrün und beidseits behaart.
4 Am Blattrand sind die Blätter spitz gezähnt und behaart.
5 Die Blütenköpfchen sind meist einzeln oder in wenigblütigen Blütenständen an den Triebspitzen angeordnet.
6 Die Hülle der Blütenköpfchen ist drüsig behaart.
7 5 weiße, zungenförmige Randblüten (a) umgeben einen Kranz gelber Röhrenblüten (b).
8 Die Frucht ist mit etwa 1 mm Länge ziemlich klein (a) und bildet an der Spitze einen kurzen Haarkranz (b).

Die Wurzel verästelt sich fein.

Die Frucht hat einen kurzen Haarkranz.

Die Stängel sind als typisches Merkmal zottig behaart.

Kleinblütiges Franzosenkraut

Der Köpfchen-Salat

einjährig | 0,6 m | Juli bis Oktober | gelb und weiß

Galinsoga parviflora

Standort: Das Kleinblütige Franzosenkraut kommt an nährstoffreichen Standorten in Äckern, Gärten, Weinbergen und Schuttplätzen vor.

Verwendung in der Küche

Die Pflanze ist genauso zu verwenden wie das Zottige Franzosenkraut (Seite 87).

Geschmack: Auch im Geschmack ähneln sich die beiden Franzosenkräuter. Einen Unterschied macht die Blattbehaarung.

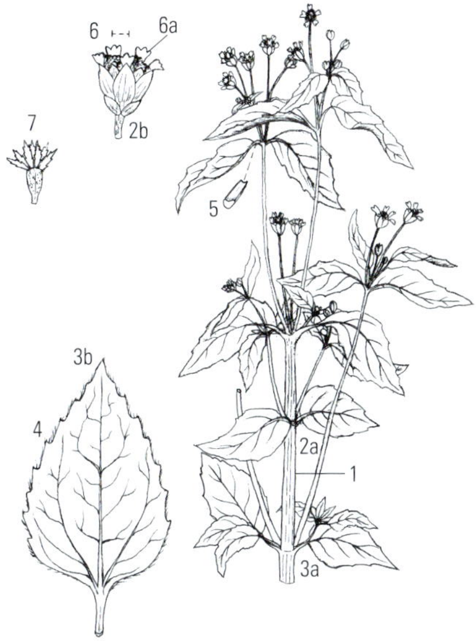

1 Der Stängel wächst aufrecht, er ist im oberen Bereich verzweigt und fast kahl.
2 Die Oberfläche des Stängels ist schwach gerieft (a), fast kahl und nur unter den Blütenköpfen anliegend behaart (b), ohne Drüsenhaare.
3 Die Blätter sind gegenständig am Stängel angeordnet (a), zart, eiförmig und vorne zugespitzt (b).
4 Der Blattrand ist gewellt, schwach gezähnt und behaart.
5 Auf der Oberseite sind die Blattstiele rinnenförmig ausgebildet.
6 Die Blütenköpfe sind etwa 5–7 mm im Durchmesser, mit meist 5 (selten 6 oder 7) weißen, zungenförmigen, vorne dreilappigen (a) Randblüten.
7 Die Frucht hat oben einen Haarkranz.

Die Oberfläche des Stängels ist schwach gerieft und fast kahl.

Topinambur

Wilde Knollen, reich an Inulin

mehrjährig | 3 m | August bis Oktober | gelb

Helianthus tuberosus

Standort: Der Topinambur bevorzugt nährstoffreiche Standorte an Ufern, Bahndämmen und in aufgelassenen Weinbergen.

Verwendung in der Küche

August–Oktober
Blüten
Die langen, gelben Blütenblätter können von August bis Oktober frisch oder getrocknet als essbare Dekoration benutzt werden. Gern verwendet man auch die getrockneten Blüten als dekorative Beigabe in Teemischungen.

Oktober–November
Knollen
Ab Mitte Oktober können die inulinreichen Knollen des Topinambur geerntet werden. Man nutzt sie roh für verschiedene Salate, zu Koch-, Back- und Pfannengemüse, vergoren zu Alkohol, getrocknet und geröstet als Kaffee und als in Essig oder Salz eingelegtes Gemüse. Die Knollen lassen sich unverarbeitet nicht lange lagern.

Geschmack: Die Knollen schmecken ähnlich wie Kartoffeln, jedoch wesentlich süßer. Die Blütenblätter sind mild, neutral.

Rezeptidee

Gebratene Wurzelknollen: Die Topinamburknollen gut waschen und säubern, Schälen ist in der Regel nicht nötig. Die Knollen in Scheiben schneiden und mit fein geschnittenen Zwiebeln in Öl knusprig braten. Nach Belieben salzen, würzen und mit gehackten Kräutern verfeinern. Nach Belieben pur oder mit einer Sauerrahmsauce servieren.

Die flächigen Zungenblüten außen sind länger als die Blütenscheibe in der Mitte.

Die oberen Blätter sind meist wechselständig am Stängel angeordnet.

Im unteren Bereich sind die Blätter gegenständig angeordnet.

Die Blätter werden annähernd doppelt so lang wie breit.

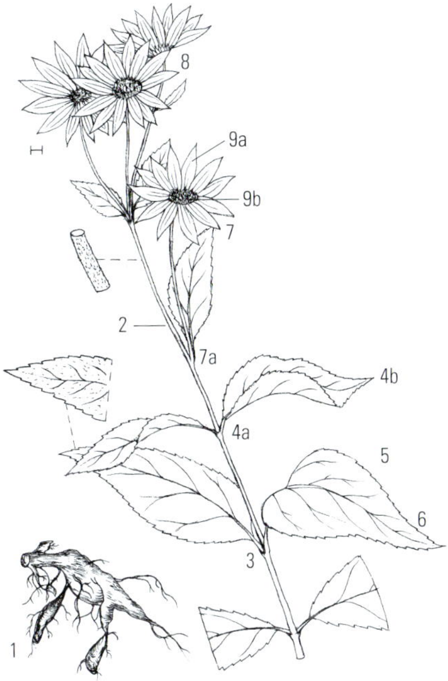

1 An der Wurzel bilden sich zahlreiche, überwiegend längliche oder rübenförmige Knollen.
2 Der Stängel und die Blätter sind rau behaart.
3 Die unteren und mittleren Blätter sind gegenständig am Stängel angeordnet.
4 Alle Blätter sind gestielt (a) und vorne zugespitzt (b).
5 Die Länge der Blätter beträgt bis zu 25 cm, sie werden damit annähernd doppelt so lang wie breit.
6 Der Blattrand ist gezähnt.
7 Die Blütenköpfe entspringen auf langen Stielen den Blattachseln (a) und sind bis 10 cm breit.
8 Je Blütenkopf finden sich 12–15 dottergelbe, bis annähernd 4 cm lange Zungenblüten.
9 Die Zungenblüten (a) sind deutlich länger als die von ihnen umschlossene Blütenscheibe (b).

An der Wurzel bilden sich zahlreiche, rübenförmige Knollen.

Die Basis älterer Stängel ist innen markig.

Aus den Röhrenblüten ragt die dunkle Staubblattröhre mit dem eingerollten Stempel.

Riesen-Goldrute

Das Wildgemüse der Indianer

mehrjährig | 2,5 m | August bis Oktober | gelb

Solidago gigantea

Standort: Warme und nährstoffreiche Standorte in Auenwäldern, an Waldrändern, Ufern und Böschungen und auf Brachland, zum Beispiel in Weinbergen.

Verwendung in der Küche

April–Juli bzw. April–Juni
Blätter und Triebspitzen
Bei ganz jungen Pflanzen kann man die Blätter von April bis Juli getrocknet als Tee aufbrühen. Von April bis Juni nutzt man das hellgrüne Innere der jungen Goldrutentriebspitzen zu kräftigen Salaten und zu gedünstetem oder kurz gebratenem Gemüse. Gern werden sie auch mit Wurzelgemüse in Gemüseaufläufe gegeben. Sie lassen sich auch sauer oder salzig einlegen. Wichtig ist jedoch, die Stängel immer zu schälen, denn die Haut und die Blätter schmecken sehr bitter. Man erntet die oberen 20 cm, solange die Triebspitze noch elastisch ist.

August–Oktober
Blüten
Die großen, schönen, gelben Blütenstände ergeben von August bis Oktober frisch aufgebrüht einen köstlichen Tee.

Geschmack: Der Grundgeschmack der inneren Triebspitzen ist mild und erinnert an grüne Bohnen. Die Blüten sind aromatisch herb mit Bitterstoffen und schmecken etwas honigartig.

Rezeptidee

Goldruten-Auflauf: Geschälte Goldruten-Triebspitzen mit wenig Salz bestreuen und etwas ziehen lassen. Etwa die gleiche Volumenmenge Kartoffeln schälen und in dünne Scheiben schneiden. Zwiebel fein hacken und in Öl anbraten, dann die Triebspitzen darunterrühren und die Temperatur herunterschalten. Die Kartoffeln und das Stängelgemüse mit den Zwiebeln schichtweise in eine Auflaufform füllen. Aus Rahm (Sahne), etwas Milch zum Strecken, Kräutersalz, Pfeffer und fein geriebenem Käse eine Sauce anrühren und über den Auflauf verteilen; es muss ausreichend Flüssigkeit sein, damit der Auflauf saftig wird. Im Ofen bei 150 Grad etwa 90 Minuten backen, bis die Kartoffeln weich sind.

Die Zungenblüten überragen deutlich die Hülle aus länglichen, spitzen, grünen Hüllblättern.

Die jungen Stängel sind innen gefüllt und leicht zu schälen.

Die Blätter sind lang zugespitzt und deutlich dreinervig.

Die Frucht hat einen Haarkranz.

Die Stängel sind ohne Haare kahl und bläulich-grau bereift.

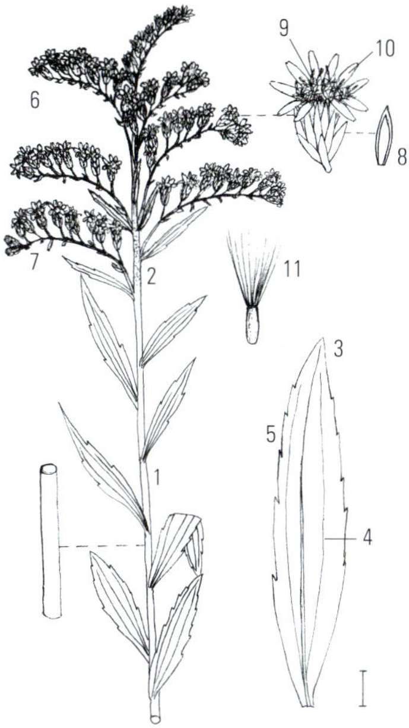

Die Blattunterseiten und Stängel der fast identisch aussehenden Kanadischen Goldrute sind behaart.

1 Die Stängel wachsen steif aufrecht und sind bläulich oder grau bereift.
2 Im Unterschied zur ähnlichen Kanadischen Goldrute *(Solidago canadensis)* sind die Stängel nur im Bereich des Blütenstandes etwas behaart.
3 Die Blätter haben eine Länge bis 12 cm und sind lang zugespitzt.
4 Die Blattflächen sind dreinervig.
5 Der Blattrand ist ganzrandig oder mit relativ weit auseinander stehenden Sägezähnen ausgestattet.
6 Bei dem aus zahlreichen Blütenkörbchen bestehenden Gesamt-Blütenstand handelt es sich um eine pyramidenförmige Rispe.
7 Die Rispenäste sind herabgebogen, an ihrer Oberseite befinden sich die zahlreichen Blütenkörbchen.
8 Die Blütenkörbchen werden von länglichen, spitzen, hautrandigen, bis 4 mm langen Hüllblättern eingefasst.
9 Die Blüten sind goldgelb, es sind mehr als 30 Stück je Körbchen.
10 Die Zungenblüten überragen deutlich die Hülle.
11 An der Spitze der Frucht findet sich ein weißer Haarkranz aus langen, borstig-federigen Haaren.

Hinweise: Es gibt eine weitere sehr häufige Goldruten-Art, die zum Verwechseln ähnlich aussieht und genauso in der Küche verwendet werden kann: Es ist die Kanadische Goldrute *(Solidago canadensis)*. Der auffälligste Unterschied zur Riesen-Goldrute *(Solidago gigantea)* ist, dass die Stängel und die Blattunterseiten der Kanadischen Goldrute fein behaart sind. Die Kanadische und die Riesen-Goldrute stammen beide aus Nordamerika und haben sich hier in den letzten Jahrzehnten stark ausgebreitet.

Vogel-Sternmiere

Der mildeste Wildsalat

einjährig | 0,3 m | März bis Oktober | weiß

Stellaria media agg.

Standort: Die Vogel-Sternmiere bevorzugt nährstoffreiche Standorte in Weinbergen, Gärten und Äckern, außerdem kommt sie an Wegrändern und Schuttplätzen häufig vor.

Verwendung in der Küche

März–Oktober
Blätter, Triebe, Blüten
Bei der kleinen, flächenartig auftretenden Vogel-Sternmiere lassen sich kaum einzelne Pflanzen unterscheiden. Meistens erntet man sie in Büscheln von vielen Pflanzen. Sie ist komplett verwendbar, samt ihren Stängeln, Blüten und Fruchtkapseln. Die Pflanze kann man über die ganze frostfreie Jahreszeit von März bis Oktober als besonders delikaten Salat oder als sehr zartes spinatartiges Gemüse zubereiten. Sie eignet sich allein als Hauptteil eines Gerichts, lässt sich aber auch mit anderem Gemüse kombinieren. Sie kann eingesetzt werden, um den Geschmack von strenger schmeckendem Wildgemüse durch Beimischen etwas zu mildern.

März–Oktober
Samen
Die während der gesamten Vegetationsperiode sich immer wieder neu bildenden Samen keimen sehr gut auf jeder frischen Erde, zum Beispiel auch in einem Blumenkasten. So hat man ständig frische Pflanzen griffbereit.

Geschmack: Der Grundgeschmack ist sehr mild, salatartig, nach jungem Mais schmeckend, aromatisch.

Rezeptidee

Mieren-Salat mit Paprikastreifen: Etwas Wasser, Zitronensaft, mittelscharfen Senf, Crème fraîche und Meersalz zu einem Dressing rühren. Frisch geschnittene Triebspitzen der Vogel-Sternmiere waschen, abtropfen lassen und in mundgerechte Stücke zupfen. Die Triebspitzen mit dem Dressing mischen und in einer Schale anrichten. Rote Paprika waschen, in lange, sehr dünne Streifen schneiden und diese auf dem Salat anrichten. Sieht super aus und schmeckt so gut, dass man diesen Salat jeden Tag essen könnte.

Die Laubblätter sind eiförmig und stehen zu zweien gegenständig am Stängel.

Die Stängel haben einen markanten Haarstreifen.

Die Frucht ist eine längliche Kapsel, die deutlich länger ist als der behaarte Blütenkelch.

Die Vogel-Sternmiere wächst dicht und kann wie ein Bodendecker ganze Flächen füllen.

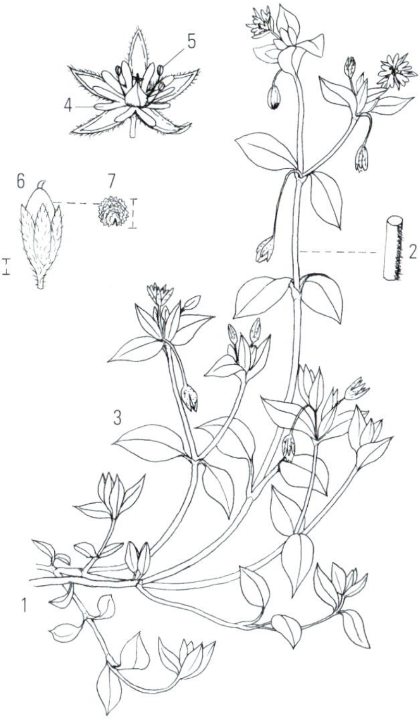

Die Pflanze ist gabelig verzweigt. Die langgestielten Samenkapseln neigen sich nach unten.

1 Die Vogel-Sternmiere wächst in niederliegender bis aufsteigender Form und ist stets reichlich verzweigt.
2 Die Stängel und Blütenstiele sind meist einreihig behaart.
3 Die Laubblätter sind eiförmig, kurz, ganzrandig und zugespitzt.
4 Die Blütenblätter sind, wenn vorhanden, weiß und beinahe bis zum Grunde in 2 längliche Abschnitte gespalten. Oftmals fehlen die Blütenblätter jedoch.
5 Die Zahl der Staubblätter (3–10) sowie die Farbe der Staubbeutel (purpurrot bis violett, seltener grau) variiert je nach Unterart.
6 Bei der Frucht handelt es sich um eine längliche Kapsel, die länger ist als der zumeist behaarte Kelch.
7 Die Samen sind sehr klein.

Die Samen fallen bei Reife aus der Fruchtkapsel.

Die 5 Blütenblätter sind weiß und bis fast zum Grunde in 2 längliche Abschnitte gespalten.

Gewöhnliches Hirtentäschel

Kresseartig und herzlich

einjährig | 0,5 m | Januar bis Dezember | weiß

Capsella bursa-pastoris

Standort: Nährstoffreiche und besonnte Standorte in Äckern, Gärten, Weinbergen sowie an Wegen und Schuttplätzen.

Verwendung in der Küche

Frühjahr
Wurzeln
Beim Hirtentäschel kann man von noch nicht blühenden Pflanzen die Wurzel ernten, solange diese noch zart ist. Sie wird auch als Trockengewürz genutzt.

März–Juni
Blätter und Triebe
Zarte Blätter und weiche Triebe lassen sich von März bis Juni als Gemüse dämpfen oder als Spinat zubereiten. Man kann sie jedoch auch in Salate schneiden oder roh auf Broten und Pizzen servieren. Für den Vorrat und zur Teebereitung werden die Blätter getrocknet.
Blüten und Schoten: Blüten und Schoten eignen sich als dezent würzige, essbare Dekoration. Die noch knospigen Blütenstände samt dem oberen Teil des Blütenstängels ergeben von März bis Juni ein zartes Pfannengemüse oder eine würzige Salatbeigabe. Man kann sie auch in Nussöl und Salz marinieren.

Juni–September
Samen
Von Juni bis September kann man die Samen schroten, pressen und mit Essig und Salz zu einem Senf bereiten.

Geschmack: Der Grundgeschmack der Pflanze ist kresseartig und erinnert an Rucola. Die Wurzel schmeckt ingwerähnlich.

Rezeptidee

Hirtentäschelcreme: Ein Stück Schafskäse (Feta) mit etwas Rahm (Sahne) cremig rühren. Die herzförmigen Schoten vom Stängel des Hirtentäschels abziehen und in die Käsecreme geben. Eignet sich prima als Beigabe zu Gegrilltem oder auf getoastetem Brot.

Die oberen Blätter umfassen den Blütenstängel mit ihrem Blattgrund.

Der fein gerillte Stängel wächst aufrecht und ist in der oberen Hälfte meist verzweigt.

Die namensgebende Frucht ist herzförmig.

Die Blätter der Grundrosette sind meist gefiedert.

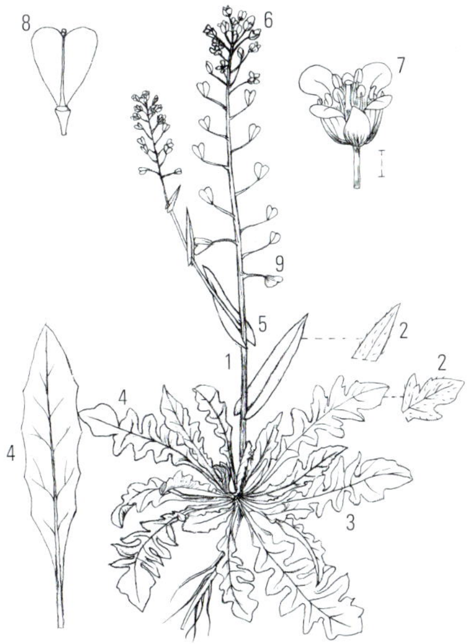

Das Hirtentäschel hat eine weiße Pfahlwurzel.

1 Der fein gerillte Stängel hat einen aufrechten Wuchs und verzweigt sich in der oberen Hälfte.
2 Die Laubblätter sind schwach behaart.
3 Die grundständigen Blätter sind in einer Rosette angeordnet.
4 Die Grundblätter sind länglich, die Blattteilung variiert von ungeteilt bis tief eingebuchtet.
5 Mit spitzen Öhrchen umfassen die Stängelblätter den Stängel.
6 An den Triebspitzen sind die Blüten doldenartig gedrängt.
7 Die Blütenkrone ist weiß, sie ist aus vier 2–3 mm langen Kronblättern zusammengesetzt.
8 Bei der namensgebenden Frucht handelt es sich um ein dreieckiges Schötchen.
9 Die unteren Fruchtstiele stehen häufig annähernd waagrecht vom Stängel ab.

Die Blattteilung variiert.

Die Frucht enthält viele kleine Samen.

März-Veilchen

Wild, wohlriechend und eine der ersten im Frühjahr

mehrjährig | 0,2 m | März bis April | dunkelviolett

Viola odorata

Standort: Das März-Veilchen gedeiht an überwiegend halbschattigen und nährstoffreichen Standorten in Weinbergen, an Waldrändern, Waldwegen sowie in Hecken und Gebüschen.

Verwendung in der Küche

März–April
Blüten
Das März-Veilchen bietet von Anfang März bis Ende April eine farbintensive Blütenpracht. Die Blüten und Blütenknospen können roh gegessen oder als Dekoration über Salate, warme Speisen und Desserts gegeben werden. Man verarbeitet sie auch als Aroma in Fruchtsaft und Essig, als mit Zuckerguss kandierte Leckerei, als Tee und gekocht zu Gelee oder zu Sirup.

März–August
Triebe und Blätter
Die jungen Triebe sammelt man von März bis April, die Blätter, ohne Stängel, bis Ende August. Beide Pflanzenteile eignen sich roh als Beigabe für verschiedene Salate oder gegart als eindickende Beigabe zu Gemüsegerichten, Füllungen und Kräutersaucen. Die Triebe und Blätter kann man auch für Tee und als Würze für Spirituosen oder Essig verwenden.

Hinweis! Die Pflanze nur aromatisierend, gewürzartig verwenden. In großen Mengen eingenommen, können Blüten und Kraut zu Übelkeit führen!

Geschmack: Der Grundgeschmack der aromatisch duftenden Pflanze ist süßlich und mild.

Rezeptidee

Veilchenblüten-Essig: Veilchen-Blüten in einem verschließbaren Gefäß mit Weinessig, Obstessig oder verdünnter Essigessenz übergießen. Bis zum Rand damit auffüllen und luftdicht verschließen. Bei Raumtemperatur einige Wochen ziehen lassen. Schneller geht es auf einem besonnten Fensterbrett; der Essig erhält dadurch eine schöne Farbe und ein besonderes Aroma. Dann den Essig filtern und in eine schöne Karaffe oder Flasche füllen. Den Veilchenblüten-Essig kann man falls gewünscht auch mit etwas Zitrone und Honig als Beigabe ansetzen.

Die Blüte hat fünf Kronblätter. Die zwei hinteren sind wie Ohren aufgestellt.

An den Blütenstängeln findet sich oberhalb der Mitte ein kleines, spitzes Blattpaar.

Oberirdische Ausläufer (in der Bildmitte) verbinden die einzelnen Pflanzen.

Die Blüten duften wohlriechend und haben einen meist geraden Sporn.

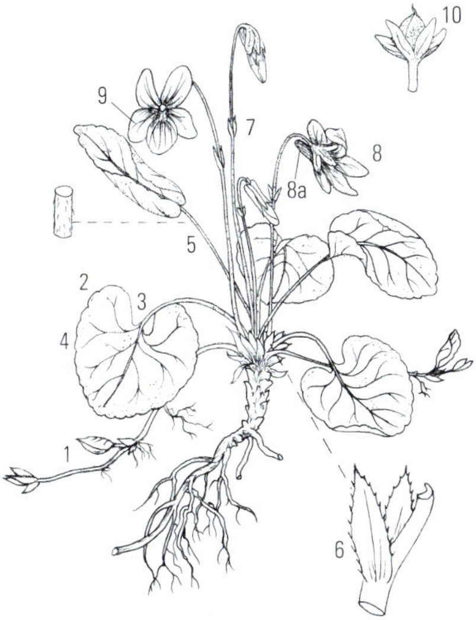

1 Das März-Veilchen bildet lange, oberirdische, sich bewurzelnde Ausläufer.
2 Die Blätter sind rundlich bis nierenförmig und etwa so lang wie breit.
3 Der Blattgrund ist tief und eng herzförmig.
4 Die Blattränder sind fein gekerbt.
5 Die Blattstiele sind anliegend behaart und länger als die Blattflächen.
6 Die Nebenblätter haben eine Länge bis 1,5 cm, sie sind im Unterschied zu anderen Veilchen-Arten eiförmig, außerdem kurz gefranst.
7 An den Blütenstängeln befindet sich oberhalb der Mitte ein aus sogenannten Vorblättern gebildetes Blattpaar.
8 Die Blüten sind violett, wohlriechend und haben einen meist geraden, bis 7 mm langen Sporn (a).
9 Die beiden seitlichen Kronblätter sind schräg abwärts gerichtet.
10 Bei der Frucht handelt es sich um eine kugelige, samtig behaarte Kapsel.

Die Blätter sind rundlich, etwa so lang wie breit und außen gekerbt.

Junge Blätter sind heller und glänzen leicht.

Die Nebenblätter werden bis 1,5 cm lang, sind eiförmig und kurz gefranst.

Wegränder, Dämme und Schuttplätze

Ross-Minze

Die wilde Dessertkönigin

mehrjährig | 1,2 m | Juli bis September | blasslila

Mentha longifolia

Standort: Die Ross-Minze wächst entlang feuchter Wegränder und Gräben sowie an Bächen und Quellbereichen.

Verwendung in der Küche

April–August
Blätter und Triebe

Die Ross-Minze hat von April bis August aromatische Blätter und weiche Triebe. Man nutzt sie frisch oder getrocknet als Tee, als Würze für Süßspeisen, Salate und Gemüsegerichte. Getrocknetes Kraut lässt sich auch zum Aromatisieren von Rauchtabak verwenden.

Juli–September
Blüten

Von Juli bis September nutzt man die Blüten als aromatische Dekoration, etwa auf Salaten, insbesondere Obstsalaten, und auf Schokodesserts.

Geschmack: Der Grundgeschmack ist typisch minzartig, jedoch etwas weicher und süßer als die bekannte Pfefferminze.

Rezeptidee

Süße Minze-Chips: Große Ross-Minze-Blätter vorsichtig ernten, damit sie nicht zerreißen; sie sollten mit ihrer ganzen Blattspreite erhalten bleiben. Fasern, die sich vom Pflanzenstängel mit ablösen und am Blattende stehen bleiben, abzupfen. Die Blätter in einem Sieb abduschen und auf einem Tuch trocknen lassen. Falls nötig mit dem Tuch etwas abtupfen, sodass sich keine Wassertropfen mehr auf den Blättern befinden. Die Blattoberfläche soll nur leicht feucht, aber nicht mehr nass sein. Mit einem Sieb Puderzucker daraufstreuen. Die Blätter vorsichtig wenden und die zweite Seite ebenfalls mit Puderzucker bestreuen. Beim Wenden hilft eine größere Pinzette. Die Blätter anschließend auf einem mit Backpapier ausgelegten Blech ausbreiten und im vorgeheizten Backofen bei 150 Grad etwa 15 Minuten backen. Danach abkühlen lassen. Die Blätter sind so eine superfeine süße Knabberei, die sich sehr gut auch als Topping auf verschiedenen Desserts eignet, zum Beispiel auf Stracciatella- oder Schokoladeneis.

Die Staubblätter und Griffel sind deutlich länger als die Blütenkrone.

Die Blätter sind länglich, behaart und stehen gegenständig am Stängel.

Der Stängel ist behaart.

Im Querschnitt zeigt der Stängel deutlich seine 4 Kanten.

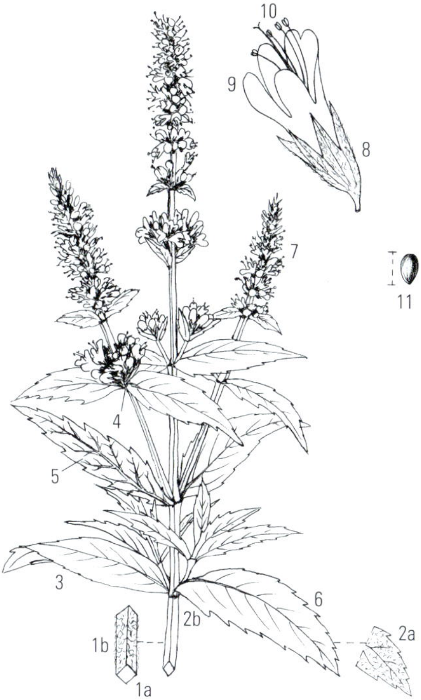

Die Pflanze hat lange Wurzelausläufer.

1 Der Stängel wächst aufrecht, er ist vierkantig (a) und behaart (b).
2 Die Blätter sind länglich, behaart (a), und wie bei allen Minz-Arten in gegenständiger Blattstellung am Stängel angeordnet (b).
3 Die Länge der Blätter beträgt bis zu 10 cm.
4 Meist sind die Blätter ungestielt oder sie haben nur sehr kurze Stiele.
5 Die Blattunterseiten sind weißfilzig.
6 Die Blattränder sind stark gezähnt.
7 Die langen Blütenstände wachsen kerzenförmig an den Zweigspitzen.
8 Der Blütenkelch ist gleichmäßig fünfzähnig und wollig behaart.
9 Die Blütenkrone teilt sich in 4 etwa gleich lange Abschnitte, sie ist hell-lila oder weißlich.
10 Die 4 Staubblätter und der lange Griffel ragen aus der Blütenkrone heraus.
11 Die Früchte sind sehr klein.

Blattober- und -unterseite unterscheiden sich farblich.

Die Früchte sind winzig.

Weiße Taubnessel

Das weißblühende Gemüsetalent

mehrjährig | 0,5 m | April bis September | weiß

Lamium album

Standort: Die Pflanze wächst an nährstoffreichen Standorten oft an dörflichen Plätzen, an Wegen, Hecken und Mistplätzen.

Verwendung in der Küche

Die Pflanze ist genauso zu verwenden wie die Gefleckte Taubnessel, (Seite 69).

Geschmack: Die Pflanze ist im Geschmack der Gefleckten Taubnessel ähnlich, jedoch etwas strenger. Die Textur ist fester.

Der Blütenkelch ist häufig violett überlaufen.

Die Staubbeutel sind nahezu schwärzlich und lang bewimpert.

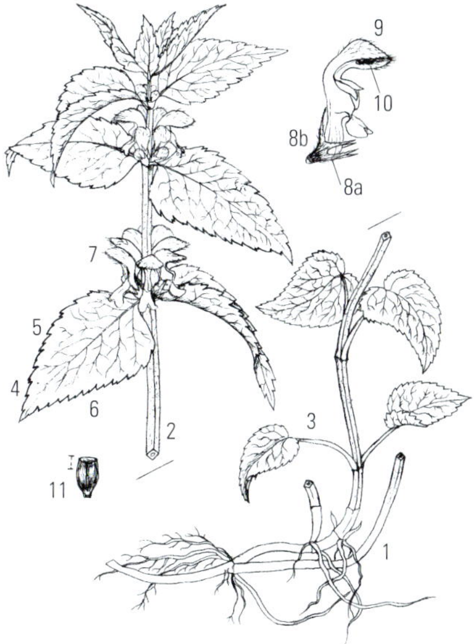

1 Die Weiße Taubnessel verbreitet sich über kurze, meist unterirdische Ausläufer.
2 Die Stängel sind kantig und häufig rot überlaufen.
3 Die Blattstiele werden bis 3 cm lang.
4 Die Blattform ähnelt den Blättern der Brennnessel, sie ist eiförmig bis dreieckig und oben spitz zulaufend.
5 Die Blätter sind etwa doppelt so lang wie breit, sie werden bis 7 cm lang und bis 4 cm breit.
6 Der Blattrand ist regelmäßig, zum Teil sägeartig gezähnt.
7 Die weißen bis gelblich-weißen Blüten sind in quirlartigen, sechs- bis sechzehnblütigen Teilblütenständen angeordnet.
8 Der Blütenkelch besitzt 5 grannenartige, spitze Zipfel (a) und ist am Grunde häufig violett überlaufen (b).
9 Die Blüten-Oberlippe ist auf der Oberseite dicht bewimpert.
10 Die Staubbeutel sind dunkelbraun bis schwärzlich und lang bewimpert.
11 Die aus einer vierteiligen Frucht stammenden Teilfrüchte (Nüsschen) sind dreikantig, bis 3 mm lang und bräunlich.

Große Brennnessel

Der Mineralstofflieferant

mehrjährig | 2 m | Juni bis Oktober | grün

Urtica dioica

Standort: Die Große Brennnessel wächst an nährstoffreichen Standorten, zum Beispiel in der Nähe menschlicher Siedlungen auf Mist- und Schuttplätzen sowie an Bach- und Flussufern, auf Waldlichtungen und in Auenwäldern.

Verwendung in der Küche

April–Mai
Blätter und Triebspitzen
Die Brennnessel ist eine alte Gemüsepflanze, deren Blätter meist wie Spinat zubereitet wurden. Man nutzte die Blätter auch für Eierspeisen und Gemüsekuchen, als Würzkraut und als Grundlage von Gemüsesäften und Saucen sowie als Aroma für Getränke wie Bier und Tee. Aus der Brennnessel lassen sich zahlreiche Gemüsegerichte, Füllungen und Pesto bereiten. Die Triebspitzen und zarten Blätter müssen etwa 3 Sekunden blanchiert, fein gewiegt oder vorsichtig mit einem Nudelholz abgerollt werden, damit sie ihre Brennhaare verlieren. Dann eignen sie sich auch roh für Salate. Im April und Mai sind sie am besten. Brennnesselblätter lassen sich an einem luftigen Platz trocknen und können so als Mineralstofflieferant für den Winter aufbewahrt werden.

Mai–Juni
Blüten
Im Frühsommer lassen sich die Blütenknospen und Blüten blanchiert gut für einen Salat nutzen.

Juli–September
Früchte
Geröstet oder getrocknet lassen sich die Früchte als Gewürz verwenden. Sowohl die noch grünen Früchte von Juli bis August als auch die reifen Früchte im Frühherbst kann man in Kräuterkäse geben.

Geschmack: Die Brennnessel ist im Grundgeschmack spinatartig, jedoch aromatischer und würziger. Die Früchte haben einen nussigen Geschmack.

Rezeptidee

Brennnessel-Taschen: Mit Gartenhandschuhen vorsichtig die zarten Triebspitzen der Brennnessel ernten, waschen und grob schneiden. In einer Pfanne in heißem Öl Zwiebel und etwas Knoblauch glasig dünsten. Die Brennnesseln dazugeben und dünsten, bis sie etwas weich geworden sind, dann in eine Schüssel geben, Fetakäsewürfel untermischen und falls nötig mit Pfeffer und wenig Salz abschmecken. Blätterteig in kleine Quadrate schneiden, jeweils ein Häufchen der Gemüsemischung daraufgeben. Den Rand mit Eiweiß bepinseln, den Teig zu dreieckigen Taschen zusammenklappen und den Rand mit einer Gabel festdrücken. Die Teigtaschen mit Eigelb bestreichen und im Backofen bei 180 Grad 30 Minuten backen.

Eine Pflanze mit weiblichen Blüten (links) und eine mit männlichen Blüten (rechts).

Aus den weiblichen Blüten reifen die Früchte.

Der Stängel ist vierkantig, mit Brennhaaren. Die Blätter sitzen gegenständig am Stängel.

Der Blattrand ist gesägt. Der Endzahn ist meist länger als die übrigen Zähne.

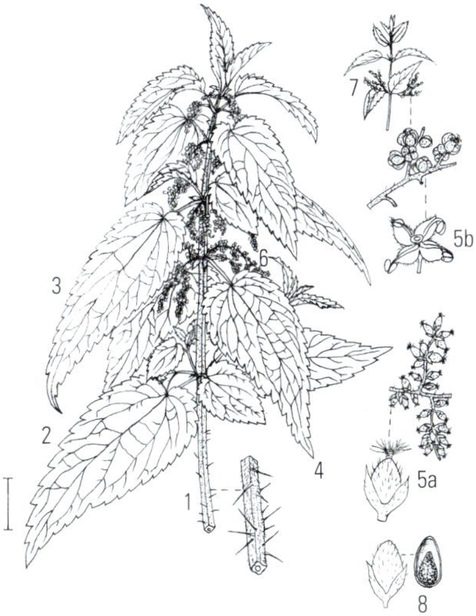

1 Der Stängel wächst aufrecht, ist im Querschnitt vierkantig und wie die Blätter mit Brennhaaren versehen.
2 Die Blätter sind gegenständig am Stängel angeordnet, eiförmig und zumeist über 5 cm lang.
3 Der Blattrand ist gesägt.
4 Der Endzahn ist oft länger als die übrigen Zähne.
5 Die Große Brennnessel ist zumeist zweihäusig, das heißt, auf einer Pflanze finden sich weibliche (a) oder männliche Blüten (b).
6 Die weiblichen Blütenzweige hängen im Reifestadium herab.
7 Die männlichen Blütenzweige stehen vom Stängel häufig waagerecht oder aufrecht ab.
8 Bei der Frucht handelt es sich um eine einsamige Nuss.

Die männlichen Blüten sind kugelig und öffnen sich zur Blütezeit (siehe unterer Teil des Bildes).

Die Triebe der Pflanze bewurzeln sich.

Kleine Brennnesseln lassen sich auch unter der Schneedecke finden.

Gewöhnlicher Giersch

Der wilde Freund der Petersilie

mehrjährig | 0,9 m | Mai bis August | weiß

Aegopodium podagraria

Standort: Vorkommen auf nährstoffreichen Böden an Wegrändern und in Gärten sowie in Schlucht- und Auenwäldern.

Verwendung in der Küche

März–April
Blätter

Die Blattschösslinge des Gierschs kann man von März bis April roh als Salat nutzen, zarte Blätter nahezu das ganze Jahr über roh oder erwärmt zu Gemüsegerichten.

Mai–August
Blattstiele und Blüten

Die Blüten verwendet man von Mai bis August als roh essbare Dekoration oder als aromatische Zutat für Suppen und Eintöpfe. Die Blattstiele und jungen Blütensprossen und Blütenknospen isst man von Mai bis August roh oder erwärmt in Gemüsegerichten.

Juli–September
Früchte

Von Juli bis September sind die Früchte frisch oder getrocknet ein gutes Gewürz.

Geschmack: Die zarten Pflanzenteile des Gierschs gleichen im Geschmack einer Mischung aus Möhre und Petersilie. Die Blüten sind süßer, die Früchte schärfer. Auch die Stiele und Knospen haben das Aroma von Möhre und Petersilie und sind dabei sehr saftig.

Hinweis! Es gibt giftige Pflanzen mit einem ähnlichen Blütenstand, jedoch haben ihre Blätter eine andere Form. Siehe dazu Seite 235, 237, 239 (Hundspetersilie, Gift-Wasserschierling, Gefleckter Schierling).

Rezeptidee

Gierschsalat mit Radieschen: Sehr junge, zarte, noch hellgrüne Gierschblätter waschen, abtropfen lassen und in mundgerechte Stücke zupfen. Ein paar Radieschen grob hacken und mit dem Giersch mischen. Auf Tellern anrichten. Walnussöl, Wasser und etwas Salz verrühren und über den Salat verteilen. Ergibt einen rot-weiß-grünen Salatgenuss. Sehr hübsch und lecker.

Die Blütenblätter sind weiß und erreichen nur eine Länge von etwa 2 mm.

Die Blütenknospen lagern in einer bauchigen Hülle.

Die jungen Blätter sind hell und noch zusammengefaltet.

Das Gesamtblatt besteht aus 3 Teilblättern.

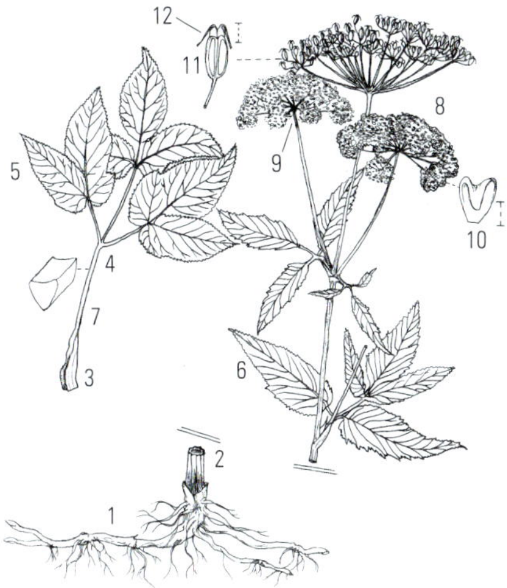

1 Aus dem Wurzelstock entspringen lange unterirdische Ausläufer.
2 Der Stängel ist kantig gefurcht, ungefleckt und hohl.
3 Die Blattstielbasis ist häufig rötlich überlaufen und zu einer Blattscheide verbreitert (»Geißfuß«).
4 Das Gesamtblatt ist aus 3 Teilblättern zusammengesetzt.
5 Die Teilblätter sind zwei- bis dreiteilig, mit eiförmigen, spitz zulaufenden Abschnitten.
6 Der Blattrand ist gezähnt.
7 Die Blattstiele sind dreikantig und werden bei den unteren Blättern bis etwa 20 cm lang.
8 Der Blütenstand ist eine Dolde mit durchschnittlich 15–20 Zweigen.
9 An der Basis der Dolde finden sich im Unterschied zu vielen anderen Doldenblütlern keine Hüllblätter.
10 Die Blütenblätter sind meist weiß, gelegentlich rosa und nur bis etwa 2 mm lang.
11 Die Frucht ist zweiteilig und wird bis über 3 mm lang; sie ist braun mit gelben Rippen.
12 Die 2 Griffel an der Fruchtspitze sind zuletzt zurückgeschlagen.

Die Blattstiele sind dreikantig und erreichen eine Länge von 20 cm.

Unreife Früchte sind noch grün. Die Griffel der Frucht sind zurückgeschlagen.

Die Blattstielbasis ist rötlich.

Große Klette

Außen bitter, innen lecker

zweijährig | 1,5 m | Juli bis August | rotviolett

Arctium lappa

Standort: Die Große Klette kommt an nährstoffreichen, vom Menschen geprägten Plätzen wie Bahnanlagen, Schuttplätzen und Wegrändern sowie an Flussufern und an lichten Stellen im Wald vor.

Verwendung in der Küche

September–Frühjahr
Wurzeln
Im Herbst bis ins Frühjahr kann man die großen Wurzeln der Pflanzen ernten. Sie sind dann weich und noch nicht verholzt. Man kann sie roh in Salate raspeln oder als Koch- und Backgemüse zubereiten.

April–August
Blattstängel und Blütentriebe
Die langen Blattstängel lassen sich als festes Gemüse zubereiten. Am besten eignen sie sich dazu von April bis August, solange sie noch nicht zu viele zähe Fasern und noch kein hohles, trockenes Mark im Stängelkern entwickelt haben. Zur Verarbeitung zieht man die dicksten Fasern aus dem Stängel heraus und reibt den Haarpelz an der Stängelhaut ab. Bereits ab Mai findet man markige Stängel; von diesen lässt sich das Mark herausschaben und als Gemüsebrei zubereiten. Die großen Blätter schmecken zu bitter, um sie als Gemüse zu verwenden. Geschälte junge Blütentriebe können vor der Blüte wie Spargel zubereitet, aber auch roh gegessen werden.

August–September
Samen
Aus den im August und September geernteten Samen gewinnt man ein relativ geschmacksneutrales Speiseöl, indem man die Samen schrotet und in einer Ölmühle auspresst. Man kann den Schrot auch in heißes Wasser legen und das Öl abschöpfen.

Geschmack: Die zarten Blütentriebe und geschälten Stängel erinnern ein wenig an Artischockengemüse. Der Geschmack der Wurzeln ist dem von Schwarzwurzeln ähnlich.

Rezeptidee

Wurzelgemüse: Junge Klettenwurzeln gut säubern und falls nötig schälen. Quer zur Faser in dünne Scheiben schneiden und mit fein geschnittener Zwiebel in Öl knusprig braten. Nach Belieben würzen und eventuell mit saurer Sahne und gehackten Kräutern verfeinern.

Die Blütenköpfe werden im Durchmesser bis 5 cm breit.

Der Stängel ist längs gefurcht und mit Mark gefüllt.

Die große Wurzel ist außen schwarz und innen weiß.

Die Pflanze zeigt einen kräftigen Wuchs.

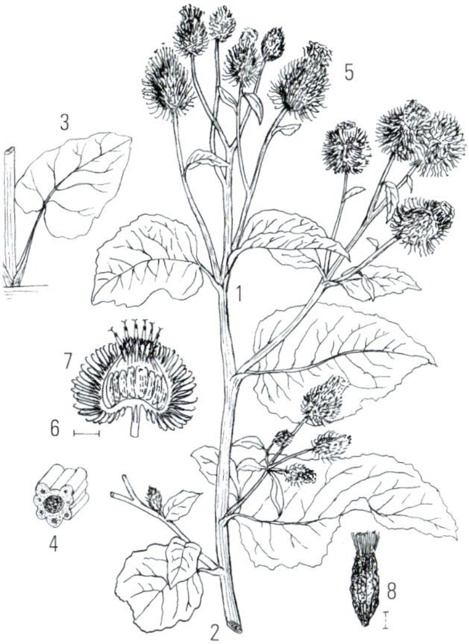

1 Die Große Klette ist von aufrechtem und kräftigem Wuchs.
2 Der Stängel ist längs gefurcht.
3 Die großen Grundblätter sind dreieckig bis herzförmig, bis 50 cm lang und annähernd so breit.
4 Blattstiele und Stängel sind mit Mark gefüllt.
5 Zahlreiche, lang gestielte Blütenköpfe in lockerer doldenartiger Anordnung bilden den Gesamt-Blütenstand.
6 Die Blütenköpfe erreichen im Durchmesser eine Breite von 5 cm.
7 Die Hüllblätter der Blütenköpfe haben an ihrer Spitze gelbliche Widerhaken.
8 Die Früchte sind schwarz gefärbt, an der Oberseite etwas runzelig und werden bis 7 mm lang.

Die Früchte in der klettigen Hülle sind an der Oberseite etwas runzelig.

Schon die jungen Pflanzen sind stark filzig behaart.

Die Blattunterseite hat weiße Filzhaare.

Gewöhnlicher Beifuß

Bekanntes Gewürz – unbekanntes Gemüse

mehrjährig | 1,4 m | Juli bis Sept. | gelb bis rotbraun

Artemisia vulgaris

Standort: Der Gewöhnliche Beifuß kommt an nährstoffreichen und vom Menschen stark geprägten Standorten, zum Beispiel an Schuttplätzen und Häfen, sowie an Wegrändern, Ufern und im Auengebüsch vor.

Verwendung in der Küche

April–Mai
Triebe und Blätter
Von April bis Mai sind die ganz jungen Triebe und Blätter noch mild aromatisch und wenig bitter. Sie eignen sich als frische, wohlschmeckende Zutat zu Salaten und als Würze zu verschiedenen Speisen, zum Beispiel grob gehackt zu Eierspeisen wie Omeletts oder zu Quiche. Auch zum Ansetzen von Likören und zur Teebereitung lassen sie sich verwenden. Die obersten 10 cm der Triebe kann man vor der Blütezeit gut schälen und als feines Gemüse zubereiten. Beifußblätter kann man die ganze Vegetationsperiode über, solange sie noch saftig sind, als Gewürz trocknen und rebeln.

Juli–Oktober
Blütenstände
Die entblätterten, zum Teil auch schon verholzten Stängel mit den Blütenköpfen lassen sich von Juli bis Oktober als bekanntes Gewürz mitkochen. Vor dem Servieren nimmt man die Stängel wieder heraus.

Geschmack: Der Beifuß schmeckt süßlich bis bitter würzig. Im reiferen Zustand eignet er sich besonders als Zugabe zu fetten Speisen.

Rezeptidee

Beifuß-Omelett: Elastische Triebenden noch vor der Blüte sammeln, schälen und blanchieren. Eier verrühren, salzen und würzen. Die Eimischung in die Pfanne geben, die blanchierten Triebe darauf verteilen und das Omelett langsam backen, bis die Unterseite leicht gebräunt ist. Die eine Hälfte des Omeletts überschlagen. Mit fein gehackten jungen Beifußblättern servieren.

Der Beifuß wächst aufrecht und ist häufig verzweigt.

Die Blütenköpfchen sind eiförmig und kurz gestielt.

Die Stängel sind kantig und im Herbst von rötlich-brauner Farbe.

An feuchten Standorten entwickelt der Beifuß einen dicken, saftigen Trieb.

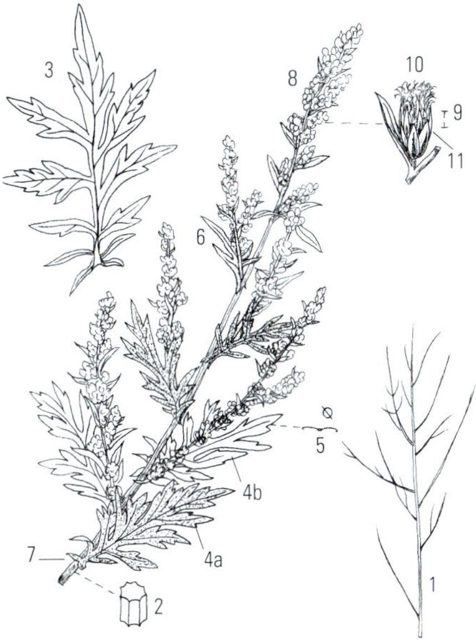

1 Der Beifuß hat einen aufrechten, häufig verzweigten Wuchs.
2 Die Stängel sind kantig und im Alter von rötlich-brauner Farbe.
3 Die Blätter sind in Abschnitte geteilt, sie werden bis 10 cm lang.
4 Die Blattunterseiten sind weiß-filzig (a), die Oberseiten dunkelgrün (b).
5 Am Rand sind die Blätter häufig etwas umgerollt.
6 Die Abschnitte der Stängelblätter werden stängelaufwärts zunehmend schmaler.
7 An ihrer Basis haben die Stängelblätter Öhrchen, die den Stängel umfassen.
8 Die Blüten sind in kleinen Köpfchen angeordnet, die sich wiederum zu einem reichhaltigen Gesamt-Blütenstand vereinen.
9 Die Blütenköpfchen messen 2–3 mm im Durchmesser, sie sind eiförmig und kurz gestielt.
10 Die Blüten sind von gelblicher oder rotbrauner Farbe.
11 Jedes Blütenköpfchen wird von länglichen Hüllblättern eingerahmt.

Mit ihrer Basis umfassen die gefiederten Stängelblätter den Stängel.

Die Blattunterseiten sind weiß-filzig.

In den Blütenköpfchen reifen viele kleine Samen.

Gewöhnliche Wegwarte

Der Kaffee vom Wegrand

mehrjährig | 1,5 m | Juli bis September | blau

Cichorium intybus

Standort: Typischste Standorte der Wegwarte sind Wegränder, zudem kommt sie häufig an Schuttplätzen, Mauern sowie auf Äckern und Grasplätzen vor.

Verwendung in der Küche

September–Frühjahr
Wurzeln

Von September bis ins Frühjahr kann man die Wurzeln ernten. Am bekanntesten ist ihre Verwendung als Zichorienkaffee. Die Wurzeln werden getrocknet, geröstet, gemahlen und als Kaffee aufgebrüht. Doch man kann die Wurzel auch als Koch-, Back- oder Pfannengemüse nutzen. Man schält sie, schneidet sie klein und wässert sie vor der Zubereitung etwa 2 Stunden.

April–September
Blätter und Triebe

Die zarten Blätter der Wegwarte eignen sich im April als Grundlage für Salate. Von April bis Juli können die Blätter gut zu Spinat, Gemüsegerichten, Suppen und Saucen verwendet werden. Während der Blütezeit von Juli bis September sind die Blätter bitter. Insbesondere für Salate sollte man sie dann vor der Zubereitung wässern oder blanchieren. Getrocknete Blätter verwendete man von April bis September auch als Tabakersatz. Im Frühjahr können zarte junge Pflanzentriebe als Pfannengemüse gedünstet oder mit Teig ummantelt gebraten werden.

Juli–September
Blüten

Die abgezupften blauen Blüten verwendet man von Juli bis September als Farbtupfer auf verschiedenen Salaten und Fruchtsalaten, als Zutat für Brotaufstriche und auch als kandierte Leckerei.

Geschmack: Die Pflanze schmeckt chicoréeartig fein bitter und saftig. Das in der Wurzel enthaltene Inulin verleiht ihr einen geschmeidig weichen Geschmack.

Rezeptidee

Zichorienkaffee: Die Wurzeln der Wegwarte gut reinigen, etwa auf Kaffeebohnengröße zerkleinern und im Ofen bei niedriger Temperatur (ca. 50 Grad) oder in einem trockenen Raum über mehrere Tage trocknen lassen. Die durchgetrockneten Wurzelstücke dann im Ofen bei etwa 110 Grad langsam rösten, bis sie dunkelbraun sind. Abkühlen lassen und verschlossen kühl, dunkel und trocken lagern. Das Röstgut erst unmittelbar vor der Zubereitung in einer Kaffeemühle oder im Blitzhacker (Cutter) mahlen, in Wasser aufkochen und dann abfiltern.

Alle Blüten sind zungenförmig und meist hellblau.

Die grünen Hüllblätter stehen in zwei Reihen um die Blütenköpfe.

Die Blütenknospe ist länglich und behaart.

Der Blattrand hat unregelmäßig große und kleine Zähne.

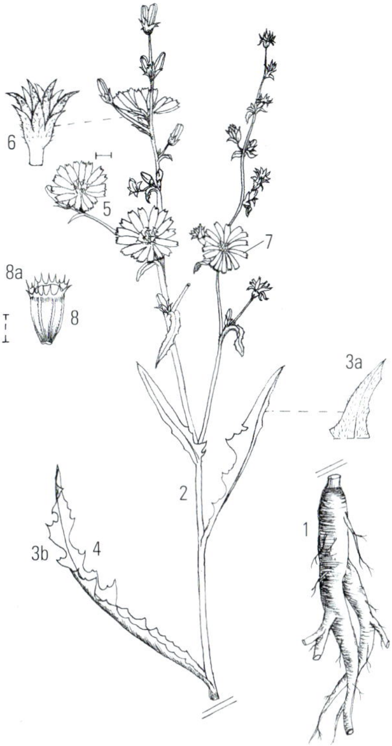

1 Die Pflanze hat lange und spindelförmige Wurzeln.
2 Die Stängel stehen steif aufrecht und sind vor allem in der oberen Hälfte sparrig verzweigt.
3 Die Blätter sind behaart (a), am Rand stark eingeschnitten (b) und werden bis 25 cm lang.
4 Der Blattrand ist unregelmäßig gezähnt.
5 Zahlreiche bis 4 cm breite Blütenköpfe bilden den Gesamt-Blütenstand.
6 Die Blütenköpfe werden von zweireihig angeordneten, behaarten Hüllblättern eingerahmt.
7 Alle Blüten haben meist eine hellblaue Farbe und sind zungenförmig.
8 Die Früchte werden bis 2,5 mm lang, sie haben einen krönchenförmigen Kranz an ihrer Spitze (a).

Die Wurzeln sind kräftig und fleischig.

Der Stängel ist borstig behaart.

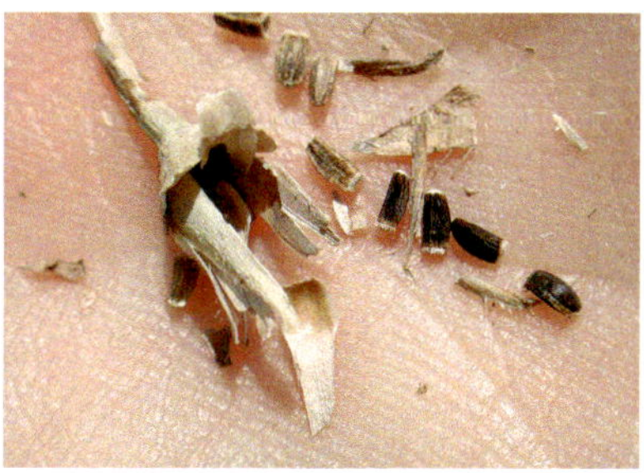

Die braunen Früchte werden bis 2,5 mm lang.

Gewöhnlicher Meerrettich

Das scharfe Wildkraut

mehrjährig | 1,5 m | Mai bis Juli | weiß

Armoracia rusticana

Standort: Der Meerrettich kommt an nährstoffreichen Standorten an Wegen, Schuttplätzen, Zäunen und Gräben vor.

Verwendung in der Küche

September–Frühjahr
Wurzeln
Die frisch geriebenen Wurzeln des Meerrettichs sind von September bis ins Frühjahr als Gewürz zu verwenden. Man nutzt sie roh, zum Einlegen, zu Saucen und als Kochgemüse.

März–Mai
Blätter
Besonders von März bis Mai eignen sich die jungen, frischen Blätter feingehackt als Gewürz zu vielen Speisen.

Mai–Juli
Blüten
Die Blüten gebraucht man von Mai bis Juli als scharfe essbare Dekoration.

Juli–August
Früchte
Junge weiche Früchte kann man von Juli bis August als scharfes Einlagegewürz, zum Beispiel beim Einlegen von Gurken oder Kapern nutzen.

Geschmack: Der Grundgeschmack der Pflanze ist kresseartig, allerdings wesentlich intensiver und schärfer.

Rezeptidee

Meerrettich-Brotzeit: Nicht nur die Wurzel, sondern auch die frischen Blätter sind eine scharfe Delikatesse. Meerrettichblätter säubern und harte Blattnerven herausschneiden. Die Blätter fein schneiden. Eine Scheibe frisches Brot mit Butter bestreichen und mit Kräutersalz bestreuen. Ein hart gekochtes Ei, in Scheiben oder gehackt, auf der Brotscheibe verteilen, dann das fein geschnittene Grün aufstreuen und nach Belieben mit frischen Meerrettichblüten dekorieren.

Die Wurzel ist dick und fleischig.

Die unteren Blätter sind unterschiedlich gestaltet.

Die Frucht ist ein kugeliges Schötchen.

Die Blätter erreichen eine Länge von bis zu 1 m.

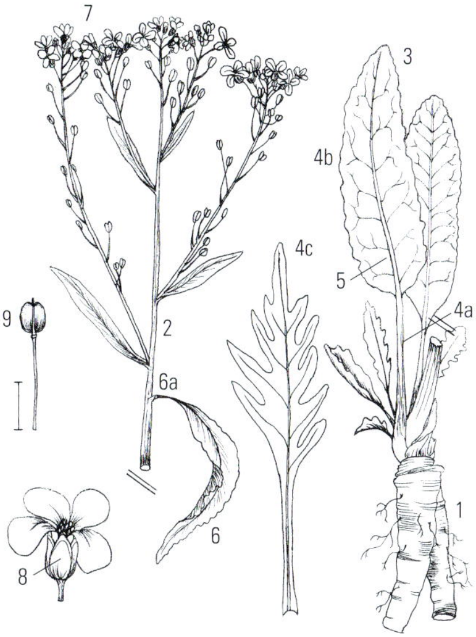

1 Die Wurzel ist dick und holzig oder fleischig.
2 Der Stängel wächst aufrecht und ist im oberen Teil verzweigt.
3 Die Blätter können bis zu 1 m lang werden.
4 Die unteren Blätter sind lang gestielt (a) und unterschiedlich gestaltet, von einteilig (b) bis kammförmig gefiedert (c).
5 Die Blattunterseite hat einen dicken Mittelnerv.
6 Die Stängelblätter sind länglich und sitzen mit verschmälertem Grund (a) am Stängel an.
7 Der Blütenstand setzt sich aus zahlreichen lockeren Trauben weißer Blüten zusammen.
8 Die Kelchblätter haben einen schmalen, weißen Hautrand.
9 Bei der Frucht handelt es sich um ein kugeliges, bis 2 cm lang gestieltes Schötchen.

Die Blüte hat vier weiße, kreuzförmig angeordnete Blütenblätter.

Der Blattrand hat abgerundete Zähne.

Die Blattunterseite zeigt einen dicken Mittelnerv.

Weißer Gänsefuß

Der kräftige wilde Spinat

einjährig | 1,5 m | Juli bis Oktober | weißlich grün

Chenopodium album

Standort: Als tiefwurzelnder Pionier an nährstoffreichen, meist trockenen, vom Menschen geprägten Standorten an Wegen, in Gärten und (brachliegenden) Äckern sowie an Schutt- und Mistplätzen.

Verwendung in der Küche

April–August
Blätter und Triebe
Von April bis Juli nutzt man die jungen Blätter und Triebe des Weißen Gänsefußes wie Mangold, Rübenblätter und Spinat für Gemüsesuppen, Gemüsefüllungen oder zu gedämpftem Gemüse. Vor der Blüte, etwa im April und Mai, kann man die dann noch zarten Pflanzen komplett sammeln. Die zarten Blätter und Triebspitzen ergeben bis in den August einen festen, nussigen, aber doch saftigen Salat.

Juli–Oktober
Blütenknospen und Blüten
Von Juli bis Oktober kann man die frischen Blütenknospen und Blüten ähnlich wie kleine Nüsse verwenden und zu Salaten reichen oder sie in Frischkäse als Brotbelag mischen.

ab September
Samen
Ab September lassen sich die stärkereichen Samen ernten. Im Winter ergeben sie als frische Keimsaat eine gute Vitaminquelle. Die getrockneten Samen kann man zu Mehl mahlen, das sich mit Getreidemehl gemischt zum Brotbacken eignet oder zum Anreichern von Eintöpfen und Grützen genutzt werden kann.

Geschmack: Der Bitterstoffgehalt in der Pflanze schwankt beträchtlich. Daher ist der Grundgeschmack auch sehr unterschiedlich, von nussig mild bis bitter.

Hinweis: Alle anderen mitteleuropäischen Gänsefußarten (Chenopodium) sind ebenso verwendbar.

Rezeptidee

Wiesenspinat: Zarte Blätter von der Pflanze abtrennen und grob schneiden. Einen Teil davon in Gemüsefond erhitzen, salzen und nach Belieben etwas gehackten oder gepressten Knoblauch und nach Wunsch gedünstete Zwiebeln dazugeben. Vom Herd nehmen. Den Rest der grob geschnittenen Blätter feiner hacken und roh unter den warmen »Spinat« rühren.

Die Pflanze wirkt mehlig bestäubt. Die Blütenhüllen sind fünfblättrig (siehe Bildmitte).

Der Stängel ist kantig gefurcht.

Die Stängel sind aufrecht und teilweise rot überlaufen. Die Blätter sind formenreich.

Die Blüten sind knäuelig zusammengedrängt.

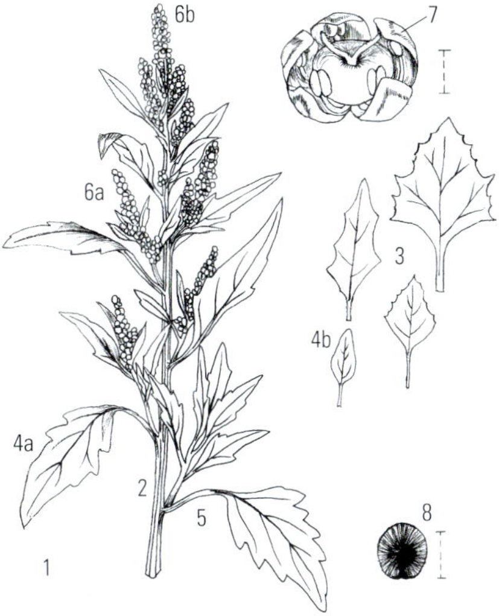

1 Die ganze Pflanze wirkt mehlig bestäubt und ist von weißlicher oder graugrüner Farbe.
2 Die Stängel stehen aufrecht und sind zum Teil rot überlaufen.
3 Die Blätter sind formenreich: Es gibt längliche, ovale, rhombische oder annähernd dreieckige Formen.
4 Der Blattrand ist unregelmäßig buchtig gezähnt (a) oder seltener ganzrandig (b).
5 Die Blätter sind (verhältnismäßig) lang gestielt.
6 Die knäuelig zusammengedrängten Blüten entspringen den Blattwinkeln (a) oder stehen endständig an der Stängelspitze (b).
7 Die Blütenhüllen sind fünfblättrig.
8 Die schwarz glänzenden Samen werden kaum größer als 1 mm.

Im Winter bleiben die trockenen Fruchtstände stehen. Die Blätter fallen ab.

Die schwarzen Samen werden etwa 1 mm groß.

Größere Blätter sind am Rand meist buchtig gezähnt.

Spreizende Melde

Der milde wilde Spinat

einjährig | 1,2 m | Juli bis Oktober | grünlich

Atriplex patula

Standort: Die Spreizende Melde kommt an vom Menschen geprägten, nährstoffreichen Standorten in Siedlungen, Weinbergen und an Fahrwegen vor.

Verwendung in der Küche

Die Pflanze ist genauso zu verwenden wie der Weiße Gänsefuß, Seite 145.
Sie schmeckt spinatartig bis nussig. In Mischgemüsezubereitungen gibt man sie gerne als mildernde Zugabe zu strengen und sauren Aromen.

Die unteren Äste stehen beinahe waagrecht ab.

Die Fruchthüllen sind rhombisch geformt.

1 Die Stängel sind bereits von der Basis an reich verzweigt.
2 Die unteren Äste stehen fast waagrecht ab und sind meist bläulich-grün gefärbt.
3 Die Blätter sind gestielt und von länglich-dreieckiger Gestalt bis annähernd spießförmig.
4 Die unteren Blätter haben beiderseits je einen herausragenden Zahn im unteren Drittel.
5 Die Blütenstände sind am Ende der Triebe oder in den Blattachseln angeordnet.
6 Die Fruchthülle ist rhombisch geformt und hat beiderseits 1–3 Zähne in der unteren Hälfte.

Zweijährige Nachtkerze

Ein Wildgemüse-Highlight

zweijährig | 2 m | Juni bis September | gelb

Oenothera biennis agg.

Standort: Trocken-warme und meist nährstoffreiche Standorte an (Bahn-)Dämmen, Böschungen, Schuttplätzen, Flussufern, Wegrändern und in Steinbrüchen.

Verwendung in der Küche

September–Frühjahr
Wurzeln

Im Frühjahr, aber auch im Herbst, solange die junge Pflanze noch keinen Blütentrieb entwickelt hat, kann man die Wurzeln ernten. Man kann sie roh essen, in Salate raspeln, wie Kartoffeln in Aufläufen zubereiten oder weich kochen und dann als Salat anmachen.

April–Juni
Blätter und Triebe

Von April bis Juni kann man die Blätter der noch nicht blühenden Pflanze in feinen Streifen roh in Salate geben oder zu Spinat dünsten. Auch die ersten jungen Blütenstängel kann man in dieser Zeit geschält roh essen oder als Pfannengemüse zubereiten.

Juni–September
Blüten und Blütenknospen

Eine Delikatesse sind die Blütenknospen von Juni bis September in Salaten oder in Öl eingelegt als Antipasti. Die Blüten selbst sind ebenso essbar und sehr dekorativ für Salate und andere Gerichte. Auch kandiert können sie verwendet werden.

August–September
Früchte und Samen

Die grünen, etwas zähen Früchte lassen sich im August und September kurz nach der Blüte zerkauen. Besser wartet man auf die Samen. Ab September lassen sich die ausgereiften, ölhaltigen Samen wie Sesam in Gebäck verarbeiten.

Geschmack: Die Pflanze schmeckt mild mangoldartig. Die Wurzeln erinnern an Schwarzwurzeln. Ein rau-stumpfer Beigeschmack ist typisch, verschwindet aber durch Einlegen in Essigwasser.

Hinweis: Alle anderen mitteleuropäischen Nachtkerzenarten (Oenothera) sind ebenso verwendbar.

Rezeptidee

Vorratsgemüse: Die Nachtkerzenwurzeln waschen, in Ringe schneiden und in Essigwasser samt Gewürzen (z. B. Salz, Dill) weich kochen. Anschließend alles heiß in saubere Gläser füllen und gut verschließen.

Die 4 Kelchblätter unter den Kronblättern sind zurückgeschlagen.

Der Fruchtstand verholzt nach der Samenreife, er wird bräunlich und steif.

Zahlreiche, kleine, dunkle Samen entspringen der Kapsel.

Die Blätter sind etwa drei- bis sechsmal so lang wie breit. Die Wurzel ist typisch rot-weiß.

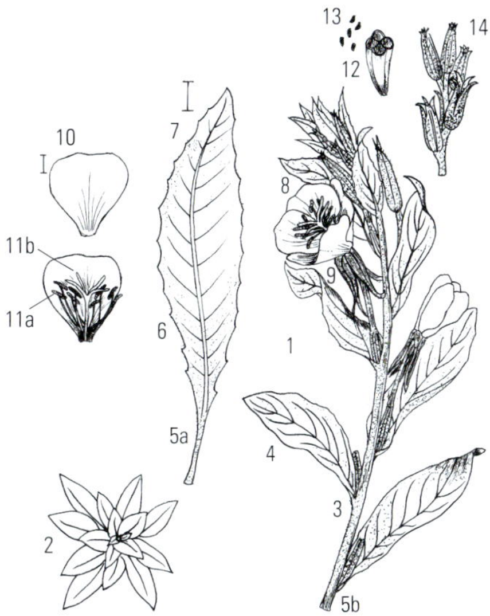

1 Die ganze Pflanze ist dicht drüsenhaarig.
2 Die Pflanze ist zweijährig; im ersten Jahr formt sie eine grundständige, dem Boden anliegende, oft rötlich überlaufene Blattrosette.
3 Die Blätter sind wechselständig am steif aufrecht stehenden Stängel angeordnet.
4 Die Blätter sind länglich und etwa drei- bis sechsmal so lang wie breit.
5 Die unteren Blätter sind in einen Stiel verschmälert (a), die oberen sind sitzend angeordnet (b).
6 Die Blattfarbe ist hell-mattgrün, mit weißlich gefärbten Blattnerven.
7 Der Blattrand ist schwach gezähnt oder seltener ganzrandig.
8 Die Blüten sind in einem aufrechten, vielblütigen und traubigen Blütenstand angeordnet.
9 Die 4 Kelchblätter sind zurückgeschlagen.
10 Die 4 Blütenkronblätter sind leuchtend gelb und werden bis etwa 5 cm lang.
11 8 Staubblätter (a) und eine vierteilige Narbe (b) bilden die Geschlechtsorgane der Blüte.
12 Bei der Frucht handelt es sich um eine vierfächerige, raue, schmal-längliche, bis 4 cm lange Kapsel.

Die Pflanze bildet im ersten Jahr eine dem Boden anliegende, häufig rötliche Blattrosette.

8 fadenförmige Staubblätter umgeben die vierteilige Narbe.

13 Viele kleine, dunkle, an Mohn erinnernde Samen entspringen der Kapsel.
14 Der Fruchtstand verholzt nach der Samenreife, er wird bräunlich, steif und an den Kapselspitzen stechend.

Wilde Malve

Eine stolze Wegrandblume

ein- bis mehrjährig | 1,2 m | Mai bis Sept. | purpurrot

Malva sylvestris

Standort: Zerstreute Vorkommen an sonnig-trockenen und nährstoffreichen Standorten wie zum Beispiel an Bahnanlagen, Mauern, Wegrändern und Schuttplätzen.

Verwendung in der Küche

September–Frühjahr
Wurzeln
Die Wurzeln wirken andickend, wenn man sie in Eintöpfen oder Suppen als essbare Gemüseeinlage mitkocht. Man erntet sie von September bis ins kommende Frühjahr hinein.

April–Juli
Blätter
Von April bis Juli eignen sich die noch weichen, hellgrünen Blätter der Wilden Malve in feine Streifen geschnitten als Zutat für Salate. Man verwendet sie außerdem wegen ihrer andickenden Wirkung als Grundlage für Kochgemüse und Suppen.

Mai–September

und August–September
Blüten und Früchte
Sowohl die Blütenknospen (von Mai bis August) als auch die noch weichen, grünen Früchte (im August und September) legt man in Essigwasser oder Öl ein, zum Beispiel pikant mit scharfen Gewürzen, mit Senfkörnern, Dill oder auch nur mit Salz. Man kann sie auch roh essen, über Salate streuen oder unter Mischgemüsegerichte mengen.
Von Mai bis September dienen die geöffneten Blüten als Zutat und Dekoration von Salaten und süßen Desserts, zur Herstellung aromatisch-fruchtiger Getränke, püriert in Kaltschalen und zusammen mit den Blättern auch zu Tees.

Geschmack: Die Wilde Malve hat einen angenehmen, milden Geschmack. Pflanzeneigene Schleimstoffe entwickeln beim Kauen und Kochen eine bindende, andickende Wirkung.

Rezeptidee

Malven-Kaltschale: Roten Traubensaft mit etwas frisch gepresstem Limettensaft und Vanillezucker mischen. Reichlich Malvenblätter in feine Streifen schneiden und in der Flüssigkeit aufkochen lassen, bis die Masse bindet, dann die Blätter heraussieben. (Falls es nicht genügend abgebunden ist, etwas gelöste Speisestärke mit aufkochen). Mindestens 4 Stunden kalt stellen. Auf Naturjoghurt servieren und mit Malvenblüten dekorieren.

Die Blütenblätter sind dunkel gestreift. An der Spitze haben sie eine markante Einbuchtung.

Im Zentrum der Blüte findet sich eine bis 12 mm lange Staubblattröhre.

Die Blüten treiben aus den Blattwinkeln.

Unterhalb des eigentlichen Blütenkelchs finden sich 3 längliche Außenkelchblätter.

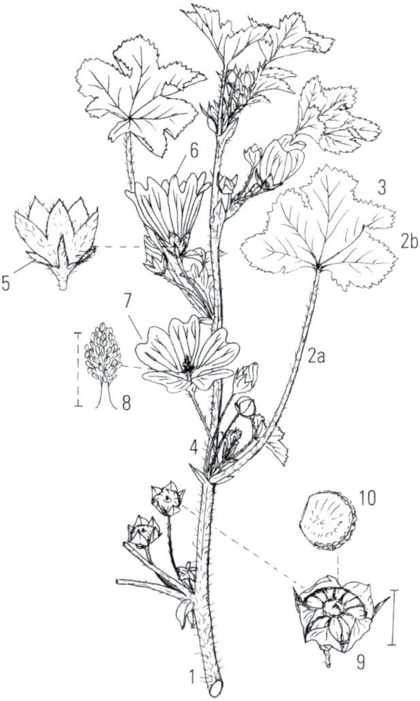

1 Die Stängel sind rund und behaart.
2 Die Blätter sind lang gestielt (a), im Umriss rundlich und vom Rande her in 3–7 Lappen geteilt, meist sind sie fünflappig (b).
3 Der Blattrand ist gezähnt.
4 Die Blüten sind zu 2–6, seltener einzeln, in den Blattwinkeln angeordnet.
5 Unterhalb des Blütenkelchs befinden sich 3 längliche Außenkelchblätter, die etwa fünfmal so lang sind wie breit.
6 Die Blütenblätter sind purpur bis rotviolett und dunkel gestreift, sie sind drei- bis viermal so lang wie der Blütenkelch.
7 An der Spitze haben die Blütenblätter eine markante Einbuchtung.
8 In der Mitte der Blüte befindet sich eine bis 12 mm lange Staubblattröhre.
9 Die Frucht ist eine bis 1 cm lange Scheibe.
10 Die Teilfrüchte sind rundlich und an einer Seite abgeflacht.

Die Blätter sind im Umriss rundlich und vom Rande her meist in 3–7 Lappen geteilt.

Bei der Frucht handelt es sich um eine bis 1 cm lange Scheibe.

Breit-Wegerich

Ein nahrhafter Begleiter auf allen Wegen

mehrjährig | 0,3 m | Juni bis Oktober | gelblich

Plantago major

Standort: Breit-Wegerich kommt auf Schotterwegen und viel begangenen Plätzen, in Pflasterfugen, an Ufern und auf intensiv genutzten Viehweiden mit meist lehmigem Boden vor.

Verwendung in der Küche

Die Pflanze ist genauso zu verwenden wie der Spitz-Wegerich (Seite 175).

Geschmack: Die Pflanze ist im Geschmack dem Spitz-Wegerich ähnlich.
Die Textur ist etwas weicher.

Der Blattstiel zeigt beim Zerreißen Fasern.

Die Samen lagern in einer 4 mm langen Kapsel.

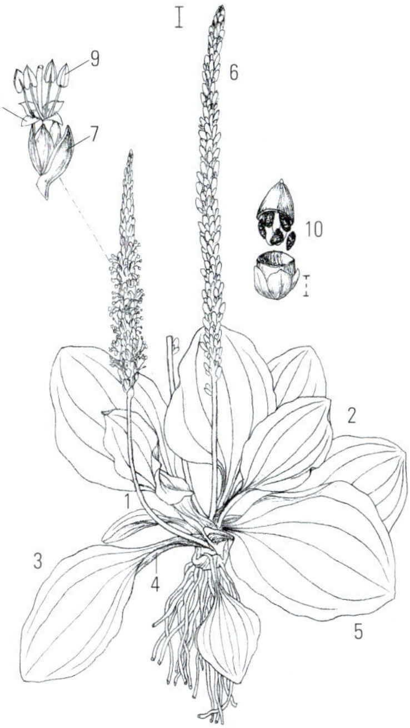

1 Die Länge der Blütenstängel bis zum Blütenansatz ist kürzer oder ebenso lang wie die Blätter.
2 Die Blätter wachsen in einer grundständigen Rosette.
3 Die Blätter sind gestielt und breit eiförmig.
4 Der Blattstiel ist von der Blattfläche deutlich abgesetzt.
5 Die 5–9 Blattadern zeichnen sich deutlich in der Blattfläche ab.
6 Die Blüten- und Fruchtähre ist langzylindrisch, sie wird bis 20 cm lang.
7 Die Tragblätter der Blüten sind weiß berandet.
8 An der Blütenkrone finden sich gelbliche Zipfel.
9 Die 4 lilafarbenen, sich später gelblich-bräunlich verfärbenden Staubblätter ragen weit weniger aus der Blüte heraus, als dies bei anderen Wegerich-Arten der Fall ist.
10 Bei der Frucht handelt es sich um eine eiförmige, mehrsamige, bis 4 mm lange Kapsel.

Wiesen und Weiden

Gewöhnliche Schafgarbe

Ein würziger Magenschmeichler

mehrjährig | 0,7 m | Mai bis Okt. | weiß bis leicht rosa

Achillea millefolium agg.

Standort: Die Pflanze wächst in Wiesen- und Weidengesellschaften auf meist nährstoffreichen, lehmigen Böden, in Halbtrockenrasen und an Wegrainen.

Verwendung in der Küche

März–September bzw. Mai–Juni
Blätter und Knospen
Die zarten, frischen Grundblätter der Schafgarbe (von März bis April), die weichen Blätter unterhalb des Blütenstandes (bis in den September) und die Blütenknospen (von Mai bis Juni) kann man als würzige Zutat für Gemüsegerichte und Salate verwenden. Sie eignen sich auch als frisches Gewürz bei der Herstellung von Kräutersalzen, Nudelteigen, Essig und Kräuterbutter. Sowohl junge als auch ältere Blätter lassen sich getrocknet als Gewürz für Spirituosen, Tee und Rauchtabakmischungen nutzen.

Mai–Oktober
Blüten
Von Mai bis Oktober kann man mit den Blüten Zucker aromatisieren oder man kocht den gezuckerten Saft zu einem süßen Aufstrich ein. Die Blüten lassen sich auch als Geschmacksgeber verschiedener Getränke, wie Tee und Spirituosen, ver-wenden, auch als essbare Dekoration und als Würze für Eingelegtes sind sie zu nutzen.

Geschmack: Die aromatisch duftende Schafgarbe hat einen herben, scharfen und muskatnussartigen Geschmack.

Hinweis! Menschen mit empfindlicher Haut sollten die Pflanze nicht bei starker Sonneneinstrahlung an die Haut bringen. Dadurch kann eine Wiesendermatitis ausgelöst werden.

Rezeptidee

Schafgarbensirup: Junge aromatische Schafgarbenblätter zerkleinern und rund 24 Stunden in Wasser einlegen. Dann durch ein Sieb passieren. Das aromatisierte Wasser mit Honig oder Zucker und etwas Zitronensaft langsam bis zu einer sirupähnlichen Konsistenz einköcheln lassen, dann heiß in Flaschen füllen. Kühl lagern. Nach Belieben damit Mineralwasser oder andere Getränke aromatisieren.

Die Blütenköpfchen haben unten schmale Hüllblätter.

Die Blütenknospen erscheinen im Mai.

Die Früchte sind ohne Haarkranz ausgebildet.

Die Blütenköpfchen (Teilblütenstände) haben meist 5 weiße Zungenblüten.

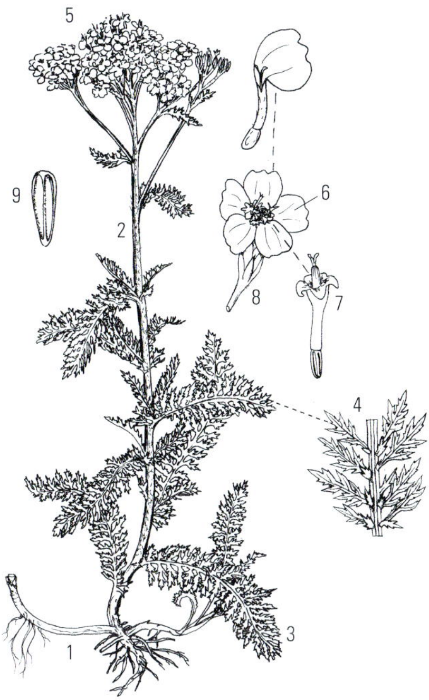

Die Stängel wachsen aufrecht und sind zerstreut behaart.

1 Die Pflanze vermehrt sich mit kriechenden Wurzelausläufern, aus denen neue Stängel treiben.
2 Die Stängel haben einen aufrechten Wuchs und sind zerstreut behaart.
3 Die Form der Blätter ist länglich, sie sind fein gefiedert.
4 Die Stängelblätter haben beiderseits mehr als 10 Fiederblätter 1. Ordnung.
5 Der Gesamtblütenstand erscheint doldenartig.
6 Bei den schmalen Blütenköpfchen handelt es sich um Teilblütenstände mit meist 5 weißen Zungenblüten am Körbchenrand, die das Aussehen von Blütenblättern einer Einzelblüte vortäuschen.
7 Die im Zentrum der Blütenköpfchen befindlichen Röhrenblüten sind bräunlich-weiß.
8 Die Blütenköpfchen werden von schmalen, spitzen Hüllblättern eingerahmt.
9 Die Früchte der Schafgarbe sind ohne einen der Windverbreitung dienenden Haarkranz ausgebildet.

Die Pflanze vermehrt sich mit Wurzelausläufern.

Die Blätter sind länglich und fein gefiedert.

Wiesen-Löwenzahn

Das am weitesten verbreitete Wildgemüse

mehrjährig | 0,4 m | April bis Juli | gelb

Taraxacum sect. Ruderalia

Standort: Der Wiesen-Löwenzahn kommt in mehr oder weniger fetten Wiesen und Weiden sowie auf Äckern und an Wegrändern vor.

Verwendung in der Küche

September–März
Wurzeln
Von September bis März kann man die Wurzeln geschnitten als Salat oder als Gemüse verwenden. Aus den getrockneten Wurzeln gewinnt man durch Rösten einen Kaffee-Ersatz.

März–Oktober
Blätter
Die jungen, frischen Blätter des Löwenzahns sind von März bis Oktober eine Salatdelikatesse. Lässt man sie fein geschnitten mit Salz oder in Wasser 1 Stunde ziehen, werden sie milder. Durch das Zusammenbinden der Blattrosetten im Frühjahr bleicht man die Blätter, wodurch ihr Geschmack milder wird. Klein gehackt kann man die Blätter über Suppen und Eintöpfe streuen oder als Spinat, als Brotbelag, zu Kräuterkartoffeln, in Eierspeisen oder in Kräuterkäse verwenden.

April–September
Blüten, Blütenknospen, Blütenstängel
Längs geschnittene Blütenstängel eignen sich von April bis Juli (auf gemähten Wiesen auch bis weit in den September) als Salatzutat und Gemüse, nachdem man sie zuvor wie die Blätter in Salz oder Wasser hat ziehen lassen. Aus den am Rosettenboden sitzenden Blütenknospen lässt sich ein Chutney herstellen. Die Knospen eignen sich auch in Essig eingelegt als Kapern, gebraten als Gemüse oder roh. Die Blütenköpfe nutzt man von April bis Juli zur Herstellung von Gelee, Sirup oder Wein oder bereitet damit Tee. Die abgeschnittenen gelben Blütenspitzen eignen sich für die Dekoration auf Salaten und Desserts.

Geschmack: Die Pflanze schmeckt chicoréeartig, die Blüten haben einen süßen und honigartigen Geschmack.

Rezeptide

Wurzelsalat mit Walnüssen: Die Wurzeln von den Blattrosetten befreien und mit einer Bürste unter fließendem Wasser reinigen, Schadstellen herausschneiden. Dann die Wurzeln schräg bis längs zur Faser in sehr dünne Späne schneiden, diese etwa 30 Minuten in Wasser einweichen, dann herausnehmen. Die Wurzelspäne mit Salz bestreuen und bis zum Servieren 1 Stunde ziehen lassen. Walnusskerne grob hacken und über den Salat streuen. Dazu eine getoastete Brotscheibe mit Butter reichen.

Zweireihige Hüllblätter bilden die Blütenhülle, der äußere Hüllblattkranz ist zurückgeschlagen.

In der Mitte der grundständigen Rosetten sitzen die Blütenknospen.

Die Blütenstängel sind hohl und enthalten Milchsaft.

Auch die Blattstiele sind hohl und enthalten Milchsaft.

Der Haarkranz der Früchte dient als Flugschirm zur Verbreitung.

Der Fruchtstand hat eine kugelige Form (»Pusteblume«).

Die Wurzel ist fleischig und weiß.

1 Die Stängel wachsen aufrecht, sie sind einköpfig und hohl.
2 Alle Blätter wachsen in einer grundständigen Rosette.
3 Das Blatt ist vom Rand her in mehr oder weniger tiefe Lappen geteilt.
4 Die Blütenkörbe werden von zweireihigen Blütenhüllen eingefasst.
5 Die innere Blütenhülle fasst den Blütenkorb zylindrisch ein (a), die äußere ist als Kranz zurückgeschlagen (b).
6 Alle Blüten sind zungenförmig und gelb.
7 Der Fruchtstand ist kugelförmig (»Pusteblume«).
8 Die Früchte haben einen langen Schnabel (a) und darüber einen weißen Haarkranz (b).

Gänseblümchen

Ein Schatz der Kindheit

mehrjährig | 0,2 m | Jan. bis Nov. | weiß bis rötlich, gelb

Bellis perennis

Standort: Vorkommen an sonnig-nährstoffreichen Standorten in Wiesen, Weiden und Parkrasen sowie an Wegrändern und Holzschlägen.

Verwendung in der Küche

Februar–Oktober
Blätter, Blüten und Knospen

Das Gänseblümchen ist ein wichtiger Bestandteil von Wildsalaten und Frühjahrssuppen. Man kann die jungen Blätter und Blüten von Februar bis Oktober aber auch gut unter Gemüse- und Spinatgerichte sowie unter Kräuterquark und Kräuterkäse mischen. Aus der Pflanze kann man Tee herstellen und Frischsaft gewinnen. Die jungen Blütenknospen aus der Rosette, die noch keinen Blütenstiel entwickelt haben, eignen sich bestens als Salatzutat. Weiter entwickelte Blütenknospen schmecken im Salat oft zu intensiv; sie können dann als falsche Kapern eingelegt werden.

August–September
Früchte

Von Ende August bis September kann man die Früchte roh oder geröstet in Salate geben. Der Sammelaufwand ist jedoch schon für eine kleine Menge groß. Im Winter ergeben die Früchte als Keimsaat auf der Fensterbank eine frische Vitaminquelle.

Geschmack: Der Grundgeschmack der Pflanze erinnert etwas an Feldsalat. Bei manchen Menschen erzeugt das Gänseblümchen einen anhaltenden rau stechenden Nachgeschmack.

Rezeptidee

Knuspertaschen: Blätter und Blüten des Gänseblümchens reinigen, in verquirltem Ei wälzen und mit Semmelbröseln panieren. Dann vorsichtig in heißem Öl ausbacken (eine Zange verwenden). Ergibt ein nettes Knusperschmankerl und schmeckt Kindern gut.

Weiß- bis rosafarbene Zungenblüten umrahmen die gelben Röhrenblüten.

Der Boden des Blütenkorbes ist kegelförmig ausgebildet.

Mitten in der grundständigen Blattrosette sind die Blütenknospen noch ohne Blütenstiel.

Der Boden des Blütenkorbes ist hohl. Die Gänseblümchen-Früchte erinnern an Sesam.

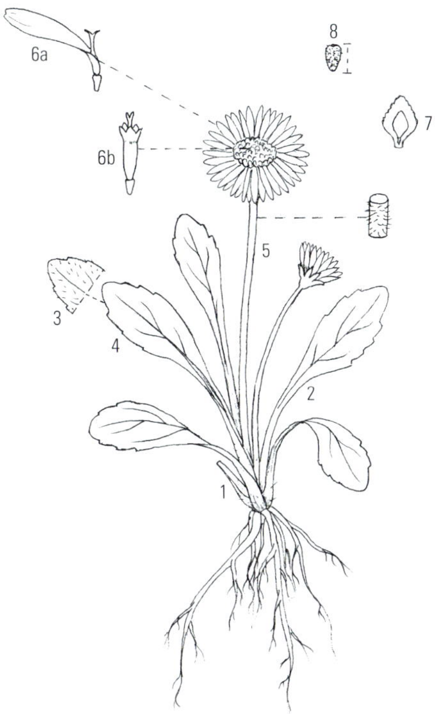

Die Blütenstängel sind kurzhaarig und unbeblättert.

Das Gänseblümchen tritt zuweilen flächig auf.

Die Blätter sind spatelförmig und behaart.

1 Die Blätter sind in einer grundständigen Blattrosette angeordnet.
2 Die Blätter sind spatelförmig und an der Basis in einen breiten Stiel verschmälert.
3 Die Blattflächen sind meist kurz behaart.
4 Der Blattrand ist schwach gekerbt.
5 Die Blütenstängel stehen aufrecht, sie sind kurzhaarig und unbeblättert und enden jeweils in einem Blütenköpfchen.
6 Zahlreiche weiße Zungenblüten (a) umgeben eine Vielzahl gelber Röhrenblüten (b).
7 Der Boden des Blütenkorbes ist kegelförmig und im Inneren hohl.
8 Die Frucht ist verkehrt eiförmig, nur etwa 1 mm lang und hat im Unterschied zu vielen anderen Korbblütlern keinen der Windverbreitung dienenden Haarkranz.

Spitz-Wegerich

Lecker, gesund und auf fast jeder Wiese zu Hause

mehrjährig | 0,5 m | Mai bis Sept. | bräunlich

Plantago lanceolata

Standort: Der Spitz-Wegerich ist in eher mageren bis mäßig nährstoffreichen Wiesen und Rasen auf Sand- und Lehmböden sowie an Wegrändern und auf Äckern zu finden.

Verwendung in der Küche

Oktober–April
Wurzeln

Die von Oktober bis April zu erntenden Wurzeln sind feinästig, müssen also sorgfältig gewaschen werden. Dann kann man sie klein geschnitten und gemischt mit anderem gewürfelten Gemüse wie Tomaten, Paprika oder Karotten weich gekocht, leicht gesalzen und eventuell mit Ei oder Mehl gebunden als Gemüsefüllung von Teigtaschen und herzhaften Strudeln verwenden.

April–Juni
Blätter

Der Spitz-Wegerich hat von April bis Juni aromatische Blätter. Man sollte die zarteren Blätter der Rosettenmitte ernten. Wegen ihrer starken Längsfasern sollten sie quer zur Faser in Streifen geschnitten werden. So bilden sie eine gute Grundlage für Salate und Gemüse. Beispielsweise kocht man sie wie Spinat oder verarbeitet sie in Omeletts oder Rührei. Auch eignen sich die Blätter als Brotbelag, essbare Dekoration, zum Entsaften und finden selbst in Spirituosen Verwendung.

Mai–Juli
Blüten

Von Mai bis Juli erntet man die zarten Blütenknospen. Man kann sie knabbern, Salaten beimischen, in der Pfanne dünsten sowie in Öl oder in Essigwasser einlegen. Sie sind eine wahre Delikatesse.

August–Oktober
Früchte

Von August bis Oktober bilden sich die Früchte, mit denen man Gemüsegerichte verfeinern kann. Das in ihnen enthaltene Öl gibt ihnen einen nussigen Geschmack.

Geschmack: Der Grundgeschmack der Pflanze, insbesondere der Blütenknospen, ist champignonartig.

Rezeptidee

Wegerichsalat: Feine Wegerichblätter waschen und abtropfen lassen. Die Blätter quer zur Faser mundgerecht zerkleinern. Eine Sellerieknolle schälen und mit einem Sparschäler dünne Streifen abziehen. Alles zusammen mischen. Kürbiskernöl, Balsamicoessig, Salz und Pfeffer zu einem Dressing verrühren und darübergeben.

Die vielen hellgelben Staubblätter umkränzen die Ähre.

Der knospige Blütenstand vor der Blüte erscheint durch schwärzliche Schuppen dunkel.

Bei der Frucht handelt es sich um eine eiförmige, bis 4 mm lange, zweisamige Kapsel.

Der Spitz-Wegerich hat eine fein verästelte Wurzel.

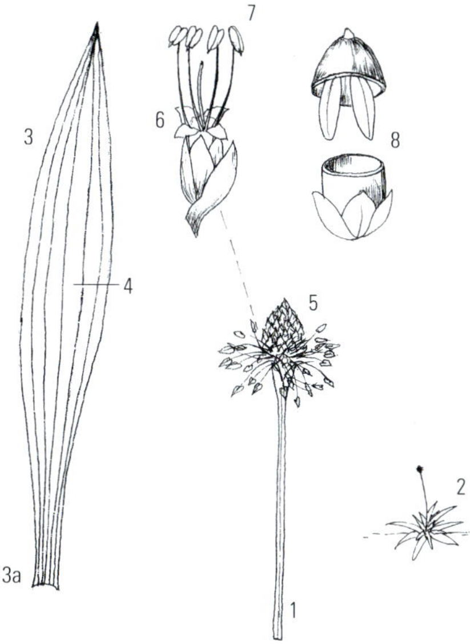

1 Der Stängel ist unverzweigt, blattlos und mit mehreren Kanten gefurcht.
2 Alle Blätter wachsen in einer grundständigen Rosette.
3 Die Blätter sind schmal länglich geformt und am Grunde deutlich verjüngt (a), ihre Länge beträgt bis zu 30 cm.
4 3–7 Blattadern treten deutlich aus der Blattfläche hervor.
5 Der Blütenstand ist eine vielblütige, eiförmige bis kurz-zylindrische Ähre.
6 Die Blütenkrone ist bis 4 mm lang und von bräunlicher Farbe.
7 Die 4 gelblichen Staubblätter ragen lang aus der Blüte heraus, sie sind zwei- bis dreimal so lang wie die Blütenkrone.
8 Die Frucht ist eine eiförmige, zweisamige Kapsel, die bis 4 mm lang werden kann.

Junge Blätter sind vor allem auf der Unterseite zart behaart.

3–7 Blattadern treten deutlich hervor.

So erscheint der Spitz-Wegerich im Frühjahr.

Rot-Klee

Das beste Blütenbrot

mehrjährig | 0,5 m | Juni bis September | rot

Trifolium pratense

Standort: Der Rot-Klee kommt in Wiesen unterschiedlicher Nährstoffgehalte und Feuchtigkeit sowie in Weiden und an Wald- und Wegrändern vor.

Verwendung in der Küche

April–Juni
Triebe und Blätter

Die jungen, von April bis Juni geernteten Triebe und Blätter sind ein Bestandteil von Frühjahrssuppen und gehackten Kräutern in Salaten. Man kann die Triebe und Blätter auch unter Gemüse- und Spinatgerichte geben oder sie in Kräuterquark und Kräuterkäse mischen. Auch zur Teebereitung, als Sauerkraut vergoren und würzig mariniert werden Triebe und Blätter verwendet.

Juni–September
Blüten

Gern werden von Juni bis September die ausgezupften Blüten über Salate und Gemüsegerichte gestreut. Man kann die Blüten auch in Teig einkneten, herzhaft würzen und als Bratlinge ausbacken oder als Aroma zu Fruchtgelees, Spirituosen und Tees verwenden. Die ganzen Blütenköpfchen eignen sich auch in Mehl gestampft zu Knäckebrot.

August–September
Samen

Die von August bis September geernteten Samen kann man zu Mehl schroten oder den Winter über auf der Fensterbank als Vitaminquelle keimen lassen.

Geschmack: Der Grundgeschmack der Blätter erinnert an Erbsengemüse, nur etwas weniger süßlich. Die Blüten schmecken süß.

Rezeptidee

Kleeblüten-Knäckebrot: Eine halbe Salatschüssel gewaschene (noch feuchte) Blütenköpfe des Rot-Klees jeweils mit den oberen drei Blättchen mit etwa 5–10 Esslöffel Mehl und etwas Salz vermengen, auf Backpapier oder einem gefetteten Blech ausbreiten und im Backofen bei 180 Grad etwa 1 Stunde backen. Abkühlen lassen. Das Knäckebrot vollständig austrocknen und aushärten lassen. Zum Servieren in Stücke brechen und mit Butter bestreichen.

Die Pflanze ist von aufrechtem Wuchs.

Die Blütenköpfe stehen einzeln oder zu zweien, sie sind kugelig bis eiförmig.

Die Blätter sind dreiteilig und haben auf der Oberseite eine helle Zeichnung.

Am Übergang von Blattstiel zu Stängel finden sich Nebenblätter mit grannenartiger Spitze.

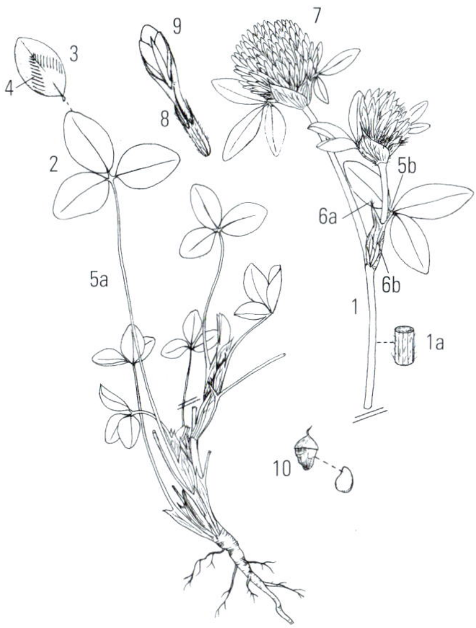

Die unteren Blätter sind lang gestielt. Die Wurzel ist lang und dünn (Pfahlwurzel).

1 Die Stängel sind von aufsteigendem oder aufrechtem Wuchs und behaart (a).
2 Die Blätter sind dreiteilig.
3 Die Teilblättchen sind eiförmig und werden bis 4 cm lang.
4 Auf der Oberseite der Blättchen findet sich eine helle Zeichnung.
5 Die unteren Blätter sind lang (a), die oberen nur kurz gestielt (b).
6 Am Übergang von Blattstiel zu Stängel gibt es Nebenblätter mit grannenartiger Spitze (a) und mit roten oder grünen Adern (b).
7 Die Blütenköpfe stehen einzeln oder zu zweien an der Stängelspitze, sie sind kugelig bis eiförmig und rot.
8 Die Kelchzähne sind ungleich lang.
9 Die Blütenkrone ist röhrenförmig, meist rot, selten weiß.
10 Bei der Frucht handelt es sich um eine einsamige, eiförmige Hülse.

Die Blütenkrone ist röhrenförmig und meist rot.

Die Kelchzähne sind ungleich lang. Die Frucht ist eine einsamige, eiförmige Hülse.

Wiesen-Sauerampfer

Die Wiesen-Zitrone

mehrjährig | 1 m | Mai bis Juni | rötlich grün

Rumex acetosa

Standort: Der Wiesen-Sauerampfer kommt an nährstoffreichen Standorten vor, vor allem in regelmäßig gemähten Wiesen, aber auch auf Weiden sowie an Ufern und Wegrändern.

Verwendung in der Küche

März–Oktober bzw. April–Mai
Blätter, Blütentriebe, Blütenstände

Die Blätter nutzt man von März bis Oktober als Zutat für Salate oder als Suppe vor reichhaltigen, fettreichen Gerichten sowie als aromatischen Zusatz zu den Gerichten selbst. Man kann die Blätter auch als Vorrat einkochen.

Die Triebspitzen und die knospigen Blütenstände können von April bis Mai wie die Blätter gegart zu diversen Gemüsegerichten gegeben werden, zum Beispiel zu Eintöpfen mit Linsen, Tomaten und Zucchini, aber auch zu sauren Saucen, sauren Dips, Kräuterbutter und Kräuterquark. Im Entsafter wird aus den zarten Teilen des Sauerampfers ein Gemüsesaft gewonnen, der mit Wasser oder Joghurt gemischt ein belebendes Getränk ergibt.

August–Oktober
Früchte

Von August bis Oktober nutzt man die Früchte zur Teebereitung oder lässt sie im Winter auf der Fensterbank keimen und nutzt sie als Vitaminspender.

September
Wurzeln

Im September trocknet man die Wurzeln und brüht sie als Tee auf oder mahlt sie zum Strecken von Backmehl.

Geschmack: Die Pflanze hat einen säuerlichen, zitronigen Geschmack.

Hinweis! Die Pflanze ist oxalsäurehaltig, jedoch kaum mehr als Rhabarber. Regelmäßig über mehrere Monate eingenommen kann Oxalsäure zur Schädigung der Nieren führen. Oxalsäure ist wasserlöslich und kann durch Abkochen und Abgießen des Kochwassers entfernt werden. Durch Zugabe von Milchprodukten kann ein Teil der Oxalsäure durch das in der Milch enthaltene Calcium gebunden werden und ist dann unschädlich.

Rezeptidee

Erfrischungsgetränk: Sauerampfertriebe mit etwas Wasser pürieren und durch ein Sieb abgießen. Die Flüssigkeit kann nun wie Zitronensaft eingesetzt werden. Zum Beispiel unter Buttermilch gemischt und mit Sprudelwasser gespritzt. Das Getränk kalt servieren.

Der Gesamt-Blütenstand besteht aus knäueligen Teilblütenständen.

Am Blattansatz findet sich eine Blattscheide. Die Stängel sind geriffelt und oft rötlich überlaufen.

Der Blattgrund endet in zwei spitzen Blattecken.

Die Blätter nahe des Blütenstandes umfassen den Stängel mit ihrem Blattgrund.

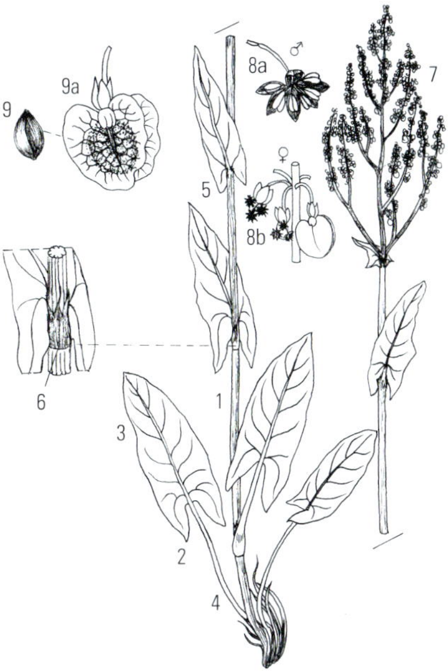

Die einzelnen Äste des Fruchtstandes spreizen sich locker auf.

1 Die Stängel sind schwach geriffelt und teilweise rötlich überlaufen.
2 Die Blattecken sind spießförmig nach unten gerichtet.
3 Die Blätter sind dicklich, der Blattrand ungezähnt, ganzrandig.
4 Die Grundblätter sind lang gestielt.
5 Der Stängel wird von den oberen Blättern pfeilförmig umfasst.
6 Am Blattansatz findet sich eine gefranste Blattscheide.
7 Knäuelige Teilblütenstände bilden den Gesamt-Blütenstand.
8 Die Blütenkrone ist klein und rötlich. In der Regel sind auf einer Pflanze entweder nur männliche (a) oder nur weibliche (b) Blüten.
9 Bei der Frucht handelt es sich um ein dreikantiges, von trockenen Blättern (a) umhülltes Nüsschen.

Die Blätter sind dicklich und ganzrandig.

Weibliche Blüten und dreikantige Früchte leuchten in Grün und Rot.

Gewöhnlicher Frauenmantel

Das Wildkraut mit den schönsten Blättern

mehrjährig | 0,5 m | Mai bis Oktober | cremefarben

Alchemilla vulgaris agg.

Standort: Je nach Unterart kommt der Gewöhnliche Frauenmantel in lehmigen Wiesen und Weiden, an Gräben und Bachufern oder an Wald-, Waldweg- und Gebüschrändern vor.

Verwendung in der Küche

April–Juli
Blätter

Von April bis Juli werden die kleinen, weichen, hellgrünen Blätter des Frauenmantels fein geschnitten in Salate gemischt. Größere Blätter lassen sich zu Gemüsefüllungen, Aufläufen, zu Bratlingen und zu Kochgemüse verarbeiten, aber auch zur Teebereitung eignen sie sich. Für den Vorrat lässt man die Blätter gut belüftet und vor Sonnenlicht geschützt trocknen und kann sie dann als Vitaminspender im Winter verwenden.

Mai–Oktober
Blüten

Die sanft aromatischen, gelben Blüten verwendet man von Mai bis Oktober als essbare Dekoration.

Geschmack: Die Pflanze schmeckt mild kohlrabiartig.

Rezeptidee

Frauenmantel-Gemüsesuppe: Noch recht junge, frische Frauenmantelblätter sammeln, gerne auch mit den Blattstielen, solange diese noch elastisch und saftig sind. Blätter und Stiele waschen und klein schneiden. In einem Topf gehackte Zwiebel in etwas Öl glasig dünsten. Entsprechend der gewünschten Suppenmenge Wasser hinzufügen. Dann kleine Kartoffelwürfel zusammen mit Knoblauch und als Würze Essig, Honig und Salz sowie nach Belieben weitere Gewürze hinzufügen und weich kochen. Einen kleinen Teil der geschnittenen Blätter zur Seite legen, den Rest in die Suppe geben und kurz erwärmen. Dann alles pürieren. Die Suppe falls gewünscht mit Rahm (Sahne) oder Sauerrahm abschmecken und mit den restlichen frisch gehackten Blättern bestreut servieren. Für eine Version ohne Pürieren: Zwiebeln wie oben andünsten, dann die restlichen Zutaten klein schneiden und alles zusammen kochen.

Die Blattzähne scheiden bei feuchter Witterung Wasser aus.

Die Blattunterseite ist heller.

Junge Blätter sind noch zusammengefaltet.

Der Blütenstand verzweigt sich vielfach.

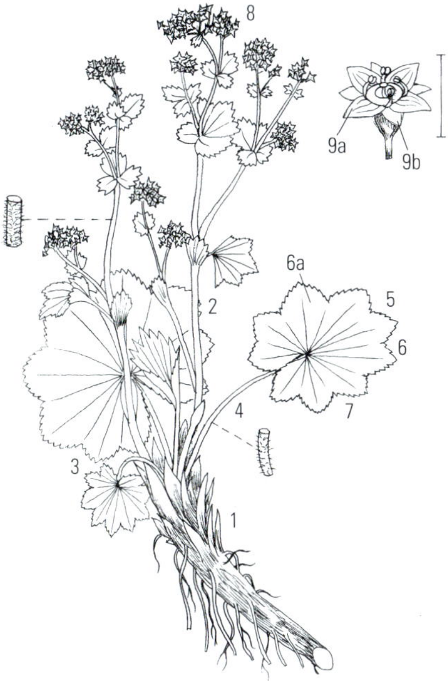

Die Blüten haben keine Blütenkrone, sondern nur gelbliche Kelchblätter.

1 Der Wurzelstock ist dicht mit den Resten von Nebenblättern besetzt.
2 Der Stängel wächst aufrecht.
3 Die Blätter sind in einer Grundblattrosette angeordnet.
4 Die Blattstiele sind deutlich länger als die Blattflächen und behaart.
5 Die Form der Blätter ist rundlich bis nierenförmig.
6 Der Blattrand ist gezähnt und in 5–11 Blattlappen (a) geteilt.
7 An den Blattzähnen finden sich Wasserspalten, aus denen bei feuchter Witterung Wasser ausgeschieden wird.
8 Der Blütenstand ist reichblütig.
9 Die Blüten fallen durch 4–5 gelblich oder grünlich gefärbte Kelch- (a) und Außenkelchblätter (b) auf, haben jedoch keine eigentliche Blütenkrone.

Die Blattstiele sind länger als die Blattflächen.

Der Wurzelstock hat Reste von Nebenblättern.

Kleiner Wiesenknopf

Ein Wiesenschmuck für die Küche

mehrjährig | 0,5 m | Mai bis September | rötlich

Sanguisorba minor

Standort: Der Kleine Wiesenknopf bevorzugt trocken-kalkreiche Standorte in mageren Wiesen, Weiden und Rasen sowie an Dämmen und Wegböschungen.

Verwendung in der Küche

April–Juni bzw. Mai–August
Blätter, Triebspitzen, Blütenstände

Von April bis Juni werden die jungen, weichen Triebspitzen gern als Zutat für Gemüse und Suppen verwendet oder als Antipasto würzig-sauer eingelegt. Auch für Kräuterbutter, Kräuterkäse, als Beigabe zu Spinat und Eierspeisen verwendet man die Triebspitzen. Um ihr feines Aroma beim Kochen nicht zu zerstören, gibt man sie gegarten Gerichten erst zum Schluss roh hinzu.

Die zarten Blätter und die knospigen Blütenstände sind von Mai bis August eine gute Zutat für bissfeste Salate oder Blattgemüsegerichte, Gemüsepürees oder als mildernde Beigabe zu anderen strenger schmeckenden Gemüsesorten. Die Blätter und Blütenstände eignen sich auch zum Rohessen, zum Beispiel auf einem Butterbrot. Man kann sie entsaften und aus dem Saft eine Kräuterlimonade herstellen. Die getrockneten Blätter eignen sich zur Teebereitung.

Geschmack: Der Kleine Wiesenknopf gleicht in seinem Geschmack einem reifen, nussigen Sommerspinat, ist jedoch würziger mit angenehmer Bitternote.

Rezeptidee

Wiesenknopfbratlinge: Grünkernschrot in etwas Gemüsebrühe weich kochen. Ein wenig abkühlen lassen. Zarte, knospige Blütentriebe und Blätter fein hacken, eine kleine fein gewürfelte Zwiebel und etwas gepressten Knoblauch hinzugeben und die Gemüsemischung in einer Pfanne in etwas Öl kurz braten. Dann unter die weiche, abgekühlte Grünkernmasse mischen. Ein Ei hinzugeben und alles zu einem Brei verkneten. Mit Salz, frisch gemahlenem Pfeffer, Oregano (Dost) und etwas Curry abschmecken. Mit nassen Händen die Masse zu Bratlingen formen und in heißem Öl langsam beidseitig ausbacken. Mit einer Grillsauce oder Chutney servieren.

Die Pflanze wächst aufrecht und hat einen locker verzweigten Gesamt-Blütenstand.

An den Schnittstellen von Stängel und Blatt bilden sich stark gezähnte Nebenblätter.

Der Blütenstand kann sowohl weibliche, männliche und zwittrige Blüten enthalten.

Dieses Blütenköpfchen enthält fast nur weibliche Blüten.

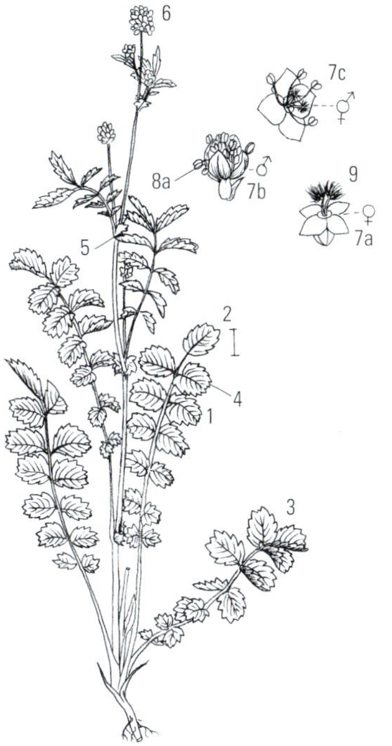

Die Teilblättchen haben beiderseits weniger als 10 Zähne.

Die jungen Blattstiele sind deutlich rot.

An den markanten Früchten kann man die Pflanze auch im Herbst gut erkennen.

1 Das Blatt ist unpaarig gefiedert, das heißt, es ist aus einer ungeraden Anzahl an Teilblättchen zusammengesetzt. 4–7 Teilblattpaare und ein nicht oder nur wenig vergrößerter Endabschnitt bilden das Laubblatt.
2 Die Teilblättchen werden bis etwas über 1 cm lang.
3 Der Blattrand ist sägeförmig gezähnt.
4 Die Teilblättchen haben im Unterschied zum Großen Wiesenknopf an jeder Seite weniger als 10 Zähne.
5 An den Schnittstellen von Stängel und Blatt finden sich stark gezähnte Nebenblätter.
6 Die Blütenköpfchen sind grünlich und von rundlicher bis zylindrischer Form.
7 Der köpfchenförmige Blütenstand kann sowohl weibliche (a), wie männliche (b), als auch zwittrige Blüten (c) enthalten.
8 Die männlichen Blüten bilden eine Vielzahl von Staubblättern aus (a), die Kronblätter fehlen.
9 Die Griffel sind büschelig behaart.

Großer Wiesenknopf

Wildgemüse der Bachwiesen

mehrjährig | 1,2 m | Mai bis August | rotbraun

Sanguisorba officinalis

Standort: Der Große Wiesenknopf kommt vor allem in nassen oder feuchten, nährstoffreichen Wiesen vor.

Verwendung in der Küche

Die Pflanze ist geschmacklich ähnlich und genauso zu verwenden wie der Kleine Wiesenknopf, Seite 191. Die Blütenknospen des Großen Wiesenknopfs werden allerdings schneller fester, daher kann man sie weniger lang nutzen.

Der Blütenstand wird bis zu 3 cm lang.

Die Teilblättchen haben an jeder Seite mehr als 10 Zähne.

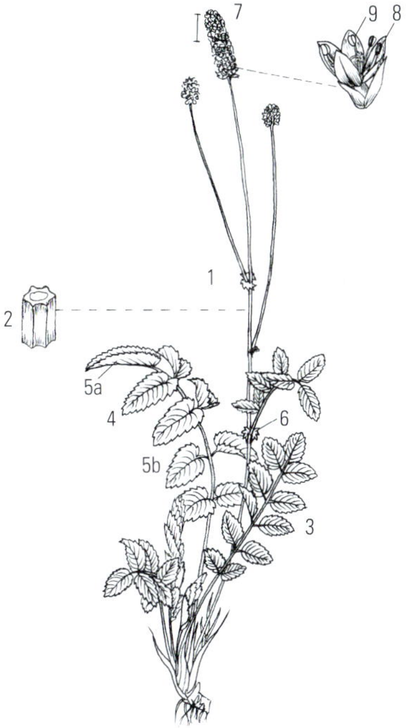

1 Der Wuchs ist aufrecht und im oberen Drittel verzweigt.
2 Der Stängel ist im oberen Bereich gerillt und in seinem Inneren hohl.
3 Das Blatt ist unpaarig gefiedert, das bedeutet, es ist aus einer ungeraden Anzahl an Teilblättchen zusammengesetzt. Beim Großen Wiesenknopf handelt es sich um bis zu 8 Teilblattpaare und ein ähnlich großes Endblättchen.
4 Die Teilblättchen haben im Unterschied zum Kleinen Wiesenknopf an jeder Seite mehr als 10 Zähne.
5 Die Blattunterseiten sind blau- bis graugrün (a), die Oberseiten dunkelgrün (b).
6 An der Basis der Blätter befinden sich stark gezähnte Nebenblätter.
7 Der zylindrisch geformte, braunrote Blütenstand ist lang gestielt, wird bis zu 3 cm lang und bis 1 cm breit.
8 Der blütenblattähnliche Blütenkelch läuft in 4 braunrote Zipfel aus.
9 Die Blüte trägt 4 Staubblätter, die Kronblätter fehlen.

Wiesen-Kerbel

Der vielseitige Küchenhelfer

mehrjährig | 1,5 m | April bis August | weiß

Anthriscus sylvestris

Standort: Der Wiesen-Kerbel kommt bevorzugt auf gedüngten Wiesen sowie an Weg-, Wiesen- und Heckenrändern vor.

Verwendung in der Küche

September–Frühjahr
Wurzeln
Von September bis ins Frühjahr raspelt man die Wurzeln junger Kerbelpflanzen in Salate oder verarbeitet sie zu Kochgemüse.

April–Mai bzw. April–August
Blätter und Blütenstielknospen
Zarte, noch sehr milde Blätter, Triebspitzen und Blütenstielknospen nutzt man von April bis Mai als Salatgrundlage. Die von Fasern befreiten Blattstiele kann man noch im Juni roh essen oder fein geschnitten als Salat zubereiten.
Bis August werden die Blattspitzen noch als Gewürz für Gemüse und Suppen verwendet. Auch für Kräuterbutter, Spinat und Eierspeisen nutzt man sie gern. Durch langsames Trocknen kann man sie als Gewürz haltbar machen.

April–August
Blüten
Die weichen, aromatischen Blüten und Blütenknospen, die der Kerbel ab April entwickelt, eignen sich roh zu Salaten oder für einen Belag auf dem Butterbrot. Man kann die Knospen auch als Antipasto würzig einlegen.

Juli–August
Samen
Ab Juli bis August eignen sich die würzigen Samen wie Kümmelsamen als Küchengewürz oder als Keimsaat im Winter auf der Fensterbank.

Geschmack: Kerbel schmeckt würzig nach einer Mischung aus Karotte, Anis und Kümmel. Die Wurzeln schmecken leicht scharf.

Hinweis! Es gibt giftige Pflanzen mit einem ähnlichen Blütenstand und ähnlicher Blattform, die sich jedoch im Blütenstängel vom Wiesen-Kerbel unterscheiden. Siehe dazu Beispiele und Erklärungen auf Seite 235, 237, 239 (Hundspetersilie, Gift-Wasserschierling, Gefleckter Schierling).

Rezeptidee

Kerbel-Gurken-Salat: Salatgurke in Scheiben schneiden. Knoblauch fein hacken und mit Öl, Essig, Salz und Pfeffer mischen, über die Gurkenscheiben gießen und etwas ziehen lassen. Zarte Kerbelblätter waschen, fein schneiden und zu gleichen Teilen unter die Gurken mischen. Mit etwas Sauerrahm (saurer Sahne) verfeinern.

Blüten und Blätter des Wiesen-Kerbels sind feingliedrig.

Die Stängel sind deutlich gefurcht mit Farbübergang zur Basis und ohne rote Flecken.

Die Blattunterseite glänzt deutlicher als die Oberseite.

Im der Mitte des Blätterhorstes befindet sich im Frühjahr die Blütenstielknospe.

Die Wurzeln verdicken sich rübenförmig.

1 Die Wurzeln sind rübenförmig verdickt.
2 Die Stängel stehen aufrecht, sind hohl und deutlich gefurcht.
3 Im Unterschied zu ähnlichen, z. T. giftigen Doldenblütlern, finden sich am Stängel keine rote Flecken.
4 Die Blätter sind aus Teilblättern 1. und 2. Ordnung (siehe Umschlagklappe) zusammengesetzt.
5 Bei dem schirmförmigen Blütenstand handelt es sich um eine endständige Dolde mit 8–16 Strahlen.
6 An der Basis der Dolden 1. Ordnung sind im Unterschied zu anderen Doldenblütlern (z. B. Gewöhnliche Möhre) keine Hüllblätter ausgcbildot.
7 Die Dolden 2. Ordnung (Döldchen) werden von 4–8 zugespitzten Blättchen (Hüllchen) getragen (siehe Umschlagklappe).
8 Die Blütenblätter sind ungleich groß, bis 3 mm lang, matt-weiß oder grünlich.
9 Die zweiteilige Frucht ist länglich, bis 1 cm lang und dunkel gefärbt.
10 An der Fruchtspitze finden sich 2 längliche, meist aufrechte Griffel.

Die Döldchen haben zugespitzte Blättchen.

An der Frucht sind zwei aufrechte Griffel.

Gewöhnliche Möhre

Eine Rübe voller Aroma

zweijährig | 1,0 m | Juni bis September | weiß

Daucus carota

Standort: Die Gewöhnliche Möhre kommt in Wiesen und Weiden sowie an Wegen und Dämmen vor.

Verwendung in der Küche

September–Frühjahr

Wurzel

Die Gewöhnliche Möhre reichert im ersten Jahr in ihrer Wurzel Zucker an. Von September bis in das Frühjahr des zweiten Jahres kann man sie ernten. Zu diesem Zeitpunkt ist sie noch weich und kann roh gegessen werden. Man kann sie aber auch als Koch-, Back- und Pfannengemüse nutzen.

April–Juni

Blätter

Von April bis Juni verarbeitet man die zarten Blätter und ihre weichen Stiele zu aromatischen Salaten, Gemüsegerichten und als Würze für Suppen und Eingelegtes.

Juni–September

Blüten

Die weichen, hellen Blüten verwendet man von Juni bis September als essbare Dekoration von Salaten oder anderen Gerichten. Man kann sie auch in Ausbackteig tauchen und frittieren.

September–Oktober

Früchte

Von September bis Oktober bilden sich an der Pflanze die Früchte aus. Diese können als Gewürz für verschiedene Gerichte, auch Desserts, verwendet werden.

Geschmack: Die Wurzel der Wilden Möhre ähnelt im Geschmack dem der bekannten Gartenkarotte, ist allerdings süßer und nicht so wässrig. Das Kraut und die Samen schmecken petersilien- bis anisartig.

Hinweis! Es gibt giftige Pflanzen mit einem ähnlichen Blütenstand und ähnlicher Blattform, jedoch mit einem anders aussehenden Blütenstängel. Siehe dazu Seite 235, 237, 239 (Hundspetersilie, Gift-Wasserschierling, Gefleckter Schierling).

Rezeptidee

Ofengemüse: Gereinigte Wurzeln in Scheiben schneiden und auf ein gefettetes oder mit Backpapier ausgelegtes Blech legen. Mit Öl beträufeln und mit Salz und Gewürzen nach Belieben bestreuen. Bei mittlerer Temperatur (ca. 160–180 Grad) im Backofen garen. Schmeckt lecker und macht satt.

Zur Fruchtzeit vertieft sich die Blütendolde in der Mitte vogelnestartig.

Bei der jungen Möhre sind die Blätter deutlich behaart.

Der Stängel ist behaart, gefurcht und hohl. Die unteren Blätter sind gestielt.

Die Frucht ist länglich, gerippt und mit Stacheln bewehrt.

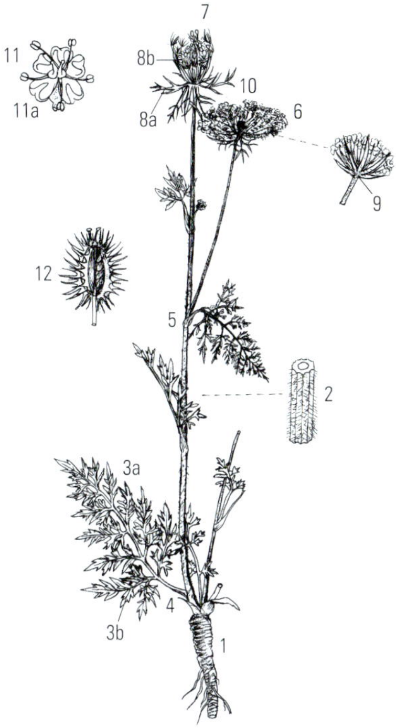

Die Wurzel riecht deutlich nach Möhre.

1 Die Wurzel ist rübenförmig.
2 Der Stängel ist behaart, gefurcht und hohl.
3 Die Blätter sind im Umriss spitz dreieckig (a) und bestehen aus Teilblättern mehrerer Ordnungen (b) (siehe Umschlagklappe).
4 Die unteren Blätter sind gestielt.
5 Die oberen Blätter sitzen auf häutigen Blattscheiden.
6 Die Blütendolde ist anfänglich flach.
7 Zur Fruchtzeit ziehen sich die Strahlen des Blütenstandes zusammen, und die Dolde vertieft sich in der Mitte vogelnestartig.
8 Die Hochblätter 1. Ordnung (a) sind oft so lang wie die zahlreichen Zweige der Dolde (b) (siehe Umschlagklappe).
9 An den kleinen Dolden 2. Ordnung (Döldchen) finden sich zahlreiche Hochblätter (Hüllchen).
10 Im Zentrum der Blütendolde findet sich eine annähernd schwarze, gestielte Mittelblüte.
11 Die Blüten sind weiß oder gelblich, die Randblüten meist vergrößert (a).
12 Die Frucht ist gerippt und hat Stacheln.

Die Mittelblüte der Pflanze ist oft schwarz.

Die Blätter bestehen aus Teilblättern.

Gewöhnlicher Bärenklau

Kräftig, kantig, rau – ein »starkes« Gemüse

mehrjährig | 1,5 m | Juni bis September | weiß

Heracleum sphondylium

Standort: Bevorzugter Standort des Gewöhnlichen Bärenklaus sind nährstoffreiche Wiesen, weitere Vorkommen finden sich an Staudensäumen von Waldrändern, Ufern und Gräben.

Verwendung in der Küche

September–März
Wurzel

Die weißliche, dicke Wurzel kann man von September bis März frisch als Würzzutat reiben oder als Gemüse kochen.

April–Mai bzw. Mai–August
Blätter und Blattstängel

Von April bis Mai erntet man die jungen Blätter, von Mai bis August die Blattstängel. Die Blätter und die von groben Fasern befreiten Blattstängel kann man roh zu Salaten geben oder erwärmt als Spinat zu Koch-, Back- und Pfannengemüse verwenden. Die Blätter eignen sich auch gut für Eierspeisen, als Würze für Kräuterkäse und wie Sauerkraut eingelegt oder getrocknet als Vorrat.

Mai–August
Blütenknospen

Die großen Blütenknospen verwendet man von Mai bis August als zarte Gemüsedelikatesse oder schneidet sie roh in Salate. Man kann sie auch gewürzt in Essig einlegen.

August–Oktober
Samen

Die Samen dienen von August bis Oktober als Gewürz, besonders für Süßspeisen, aber auch als Aroma zur Herstellung von einer Art Bier.

Geschmack: Er gleicht ein wenig der Möhre oder Karotte. Die Samen sind stechend kardamomähnlich aromatisch. Die Stängel sind sehr saftig. Die Wurzel ist leicht scharf.

Hinweise! Es gibt giftige Pflanzen mit einem ähnlichen Blütenstand, die sich jedoch in Blattform und Blütenstängel unterscheiden. Siehe dazu Seite 235, 237, 239 (Hundspetersilie, Gift-Wasserschierling, Gefleckter Schierling).
Beim Umgang mit allen Pflanzenteilen des Gewöhnlichen Bärenklaus ist Vorsicht geboten. Empfindliche Haut wird durch den frischen Saft des Bärenklaus gegenüber UV-Licht (Sonne) sensibilisiert und reagiert mit Rötungen bis hin zu Sonnenbränden (Wiesendermatitis). Es empfiehlt sich, mit Handschuhen zu arbeiten. Manche Menschen zeigen bei der frischen Pflanze auch allergische Reaktionen an den Schleimhäuten. Ist sie gekocht, kommt das in der Regel nicht vor.

Rezeptidee

Bärenklau-Lasagne: Geschälte, von groben Fasern befreite Blattstiele klein schneiden und mit oder anstelle des Hackfleischs in Lasagnezubereitungen verwenden.

Die Blätter sind mattgrün, gelappt und in ihrer Form äußerst vielgestaltig.

Die Blattstiele umfassen den zentralen Stängel mit bauchigen Blattscheiden.

An der Basis der Doldenäste sitzen in der Regel keine Hüllblätter.

Die äußeren Blüten sind einseitig stark vergrößert.

Die Frucht ist breit geflügelt.

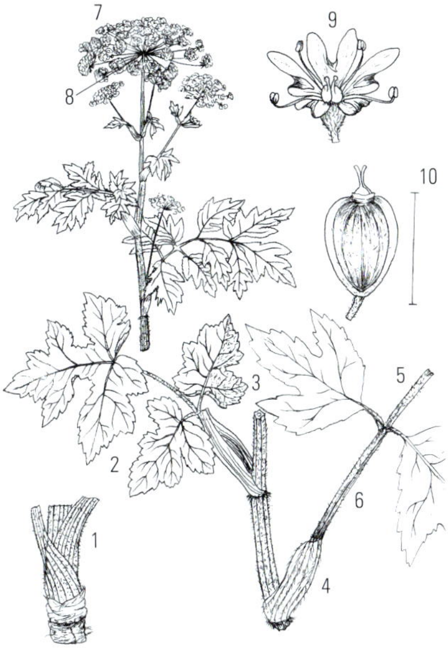

1 Die Stängel sind an der Basis bis 3 cm stark, kantig gefurcht und dicht borstig behaart.
2 Die Blätter sind gelappt, mattgrün, und haben eine vielgestaltige Form.
3 Die Blattoberflächen sind rau behaart.
4 Am Ansatz der Stängelblätter finden sich bauchige Blattscheiden.
5 Die unteren Blätter sind gestielt und mit bis zu 60 cm Länge (ohne Stiel) sehr groß.
6 Die Blattstiele sind behaart und zum Teil rötlich gefärbt.
7 Der Blütenstand ist eine große Dolde mit einem Durchmesser von bis zu 20 cm und mit bis zu 30 ungleich langen Ästen (Strahlen).
8 An der Basis der ungleich langen Doldenäste sitzen in aller Regel beim Gewöhnlichen Bärenklau im Unterschied zu anderen Doldenblütlern keine Hüllblätter (in Ausnahmefällen max. 6 Hüllblätter).
9 Die äußeren Blüten sind einseitig stark vergrößert und tief eingebuchtet.
10 Die Frucht ist oval geformt, bis 1 cm lang und ringsum breit geflügelt.

Der Riesen-Bärenklau hat helle Blattrandzähnchen.

Wichtiger Hinweis! An Bach- und Flussufern sowie an Wegrändern gibt es eine ausgewilderte Bärenklau-Art, den Riesen-Bärenklau *(Heracleum mantegazzianum)*.
Vorsicht! Der Pflanzensaft dieser verwandten Art ist in Kombination mit Sonnenlicht aufgrund der Mächtigkeit der Pflanze gefährlich für unsere Haut und führte schon mehrfach zu schweren Hautverbrennungen. Wichtige Unterschiede zum heimischen Gewöhnlichen Bärenklau: Die Stängel des Riesen-Bärenklaus sind meist purpurn gefleckt und können im Alter an der Basis einen Durchmesser bis 10 cm erlangen. Die Blätter sind nicht so stark fiederteilig und erreichen im Alter eine Länge (ohne Blattstiel) bis über 1 m. Die Blattabschnitte sind spitz zulaufend, mit heller bis weißer Spitze an den Blattrandzähnchen. Die Blütendolde erreicht einen Durchmesser bis 50 cm und die Pflanze eine Höhe bis zu 5 m.

Wiesen-Labkraut

Ein schlankes Wildblümchen und ein Star in der Küche

mehrjährig | 1,5 m | Mai bis September | weiß

Galium mollugo agg.

Standort: Das Wiesen-Labkraut wächst an nährstoffreichen Standorten in sonnigen Wiesen, Weiden, Wegrainen sowie an Wald- und Gebüschsäumen.

Verwendung in der Küche

Februar–Dezember
Blätter und Stängel
Fast das ganze Jahr kann man die Blätter und die zarten Stängel zu Blattgemüsegerichten verarbeiten, denn auch im Winter findet man kleine Wiesen-Labkrautpflanzen unter der Schneedecke. Die zart-saftigen Triebspitzen, die man im April erntet, haben breite Stängel und kleine, weiche, quirlständige Blätter. Sie sind eine ausgezeichnete Salatgrundlage.

Mai–September
Blüten
Von Mai bis September kann man die Blüten und Blütenknospen über Salate streuen. Aus dem Saft ausgekochter Blüten lässt sich ein süßer Pudding zubereiten. Die Blüten geben Kräuterlimonade und anderen Getränken Aroma.

August–September
Früchte
Im August und September reifen die kleinen Früchte. Lichtgeschützt in dunklen Gefäßen aufbewahrt, können sie im Winter als frische Keimsaat oder geröstet als Kaffee-Ersatz genutzt werden.

Geschmack: Besonders im Frühjahr schmeckt die Pflanze wie eine Mischung aus mildem Kopfsalat und Rucola.

Rezeptidee

Bunter Wiesen-Labkraut-Salat: Junge Labkrauttriebe im April sammeln, gründlich waschen, in mundgerechte Stücke zupfen und in einem Sieb abtropfen lassen. Etwas roten Radicchiosalat ebenfalls zerpflücken, waschen, in mundgerechte Stücke zupfen und abtropfen lassen. Mit dem Labkraut gemischt anrichten. Eine kleine Zwiebel sehr fein hacken, mit Olivenöl, Obstessig, Salz und Pfeffer zu einem Dressing verrühren und über den Salat geben. Eine gelbe Paprika in feine Streifen schneiden und zuletzt über den Salat streuen.

Die Blütenkrone ist weiß, ihr Durchmesser beträgt bis zu 4 mm.

Die Triebspitzen im April haben breite, saftige, weiche Stängel. Später werden sie fester.

Der Stängel hat vier deutliche Kanten und keine Behaarung.

Die Doppelfrucht spaltet sich zur Reifezeit in zwei länglich-kugeligeTeilfrüchte.

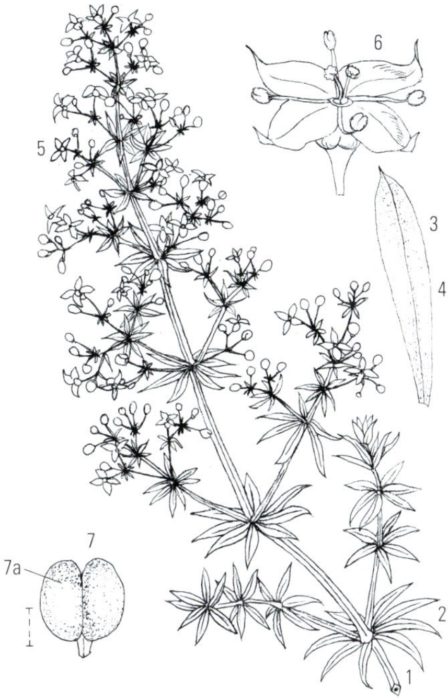

1 Der Stängel ist vierkantig und kahl.
2 Die Blätter sind zu 6–9 in einem Quirl angeordnet.
3 Das Blatt ist einnervig, rau, mit einer stacheligen Spitze.
4 Die Blattbreite beträgt bis zu 8 mm, damit ist das Blatt etwa fünfmal so lang wie breit.
5 Der Blütenstand ist aus vielen Teilblütenständen zusammengesetzt und sehr reichhaltig.
6 Die weiße Blütenkrone hat einen Durchmesser von bis zu 4 mm.
7 Die Frucht ist zweiteilig, die Teilfrüchte (a) sind länglich-kugelig und werden bis 2 mm lang.

Das Blatt ist rau, einnervig und hat eine stachelige Spitze.

Die Blätter stehen zu 6–9 in einem Blattquirl.

Die Pflanze hat unterirdische Ausläufer.

Wiesen-Glockenblume

Das schönste wilde Gemüse

zweijährig | 0,8 m | Mai bis Juli | rosa-lila

Campanula patula

Standort: Auf besonnten, nährstoffreichen Wiesen und Brachen auf meist kalkarmen Böden.

Verwendung in der Küche

April–Mai
Blätter und Sprosse
Zarte, weiche Blätter nutzt man von April bis Mai als milde Grundlage für Salate. In Streifen geschnitten geben sie auch Suppen ein gutes Aroma. Die zarten, jungen Sprosse kann man zu einem Stängelgemüse oder auch als Salat verarbeiten.

Mai–Juli
Blüten
Die schön geformten Blüten der Glockenblume können von Mai bis Juli als essbare Dekoration verwendet werden, man kann sie aber auch unter einen Salat mischen.

August–Herbst
Wurzel
Die Wurzel erntet man von August bis in den Herbst. Sie kann frisch oder getrocknet verwendet werden. Zumeist kocht man sie in Suppen mit oder legt sie mariniert als Vorrat ein.

Geschmack: Der Grundgeschmack der Pflanze erinnert an süßes Erbsengemüse.

Hinweis: Alle anderen mitteleuropäischen Glockenblumenarten (Campanula) sind ebenso verwendbar.

Rezeptidee

Salatkrönung: Sammeln Sie die wunderschönen Blüten. Reinigen Sie diese nur trocken, denn durch Waschen verkleben die Blüten. Die Blüten als Krönung über jede Art von grünem Blatt- oder Kräutersalat streuen. Sie werden staunen, wie das den Salat verzaubert. Probieren Sie zum Beispiel einen Vogelmiere-Salat mit Glockenblumen. Schmeckt sehr fein!

Die Grundblätter der Pflanze sind spatelförmig, die Stängelblätter lanzettlich.

Der Blütenkelch ist etwa halb so lang wie die Blütenkrone.

Die Blüte hat 5 verwachsene Kronblätter und in deren Zentrum 5 Staubblätter.

Die Wiesen-Glockenblume wächst typischerweise in hohen, nährstoffreichen Wiesen.

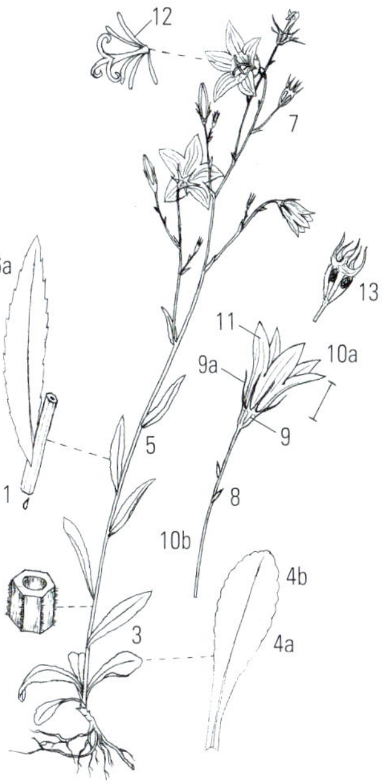

1 Die Pflanze führt einen weißen Milchsaft.
2 Der Stängel ist kantig und nur unten kurz behaart.
3 Alle Laubblätter sind einfach geformt, ungeteilt, kahl.
4 Die Grundblätter sind spatelförmig (a), ihr Blattrand schwach gekerbt (b).
5 Die Stängelblätter sind sitzend und wechselweise am Stängel angeordnet.
6 Der Blattrand der Stängelblätter ist schwach gezähnt (a), ihre Form länglich (b).
7 Der Blütenstand ist locker verzweigt.
8 An den Blütenstielen sitzen meist 2 kleine Hochblätter.
9 Der Blütenkelch ist etwa halb so lang wie die Blütenkrone und läuft in 5 aufrechte und lang zugespitzte Kelchzipfel (a) aus.
10 Die Blütenkrone ist trichterförmig, (hell-) blauviolett (a) und lang gestielt (b).
11 Die 5 miteinander verwachsenen Blütenkronblätter sind bis zur Mitte eingeschnitten und bis 2,5 cm lang.
12 Die Blüte enthält 5 Staubblätter.
13 Bei der Frucht handelt es sich um eine aufrecht stehende, längliche bis rundliche, sich mit 3 Poren öffnende Kapsel.

Acker-Glockenblume.

Pfirsichblättrige Glockenblume.

Hinweis: Es gibt im Gebiet zahlreiche weitere Glockenblumen-Arten, die ebenfalls essbar sind. Von der Acker-Glockenblume *(Campanula rapunculoides)* zum Beispiel unterscheidet sich die Wiesen-Glockenblume unter anderem durch die schmale Form der mittleren und unteren Blätter; diese sind bei der Acker-Glockenblume (breiter) herzförmig. Die Pfirsichblättrige Glockenblume *(Campanula persicifolia)* hat eine größere Blütenglocke, die mit bis zu 4 cm annähernd doppelt so lang wird wie jene der Wiesen-Glockenblume.

Hain-Gilbweiderich

Ein kleiner, frischer Wildsalat

mehrjährig | 0,2 m | Mai bis Juni | gelb

Lysimachia nemorum

Standort: In Auen und Schluchtwäldern sowie auf feuchten Wiesen und an feuchten Stellen an Wegrändern.

Verwendung in der Küche

März– Oktober bzw. Mai–Juni
Blätter und Blüten

Der Hain-Gilbweiderich bleibt nahezu das ganze Jahr über zart. Bis zum ersten Frost kann man die herzförmigen Blätter gehackten Kräutermischungen beigeben. Die dekorativen Blätter können einzeln auf ein Butterbrot gelegt werden.
Die Blüten kann man von Anfang Mai bis Ende Juni als essbare Dekoration verwenden. Da die Erntemenge meist nicht für ein Gemüse ausreichend ist, kann man sie mit anderen Gemüsesorten mischen. Blätter und Blüten zusammen ergeben einen schmackhaften Tee.

Geschmack: Der Grundgeschmack der Pflanze ist erfrischend mild-säuerlich.

Rezeptidee

Gilbweiderich-Apfel-Salat: Einen kleinen aromatischen Apfel waschen und mit der Schale in feine, kleine Schnitze schneiden. Etwas mildes Speiseöl, Salz und Pfeffer, Ein Teelöffel Zitronensaft, etwas Honig und nach Bedarf einen Schuss Wasser zu einem Dressing verrühren und zu den Apfelschnitzen geben. Eine Handvoll Gilbweiderich-Triebspitzen waschen, abtropfen lassen, mundgerecht zupfen und locker unter den Apfelsalat heben. Zuletzt nach Belieben mit grob gehackten Haselnüssen bestreuen. Ein richtiger Muntermacher-Salat!

Der Kelch besitzt 5 schmale, hellgrüne und spitze Zipfel.

Die Blütenkronzipfel sind goldgelb und an der Basis miteinander verwachsen.

Die Blätter sind immer zu zweien am Stängel angeordnet.

Der Stängel ist im Querschnitt kantig.

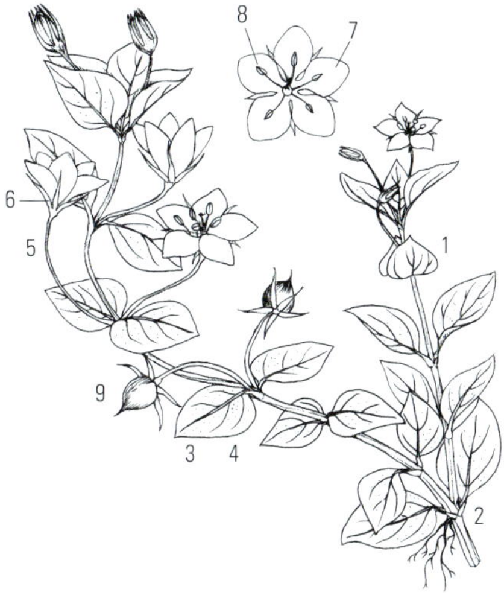

1 Die Pflanze ist meist von aufsteigendem Wuchs.
2 Die Blätter sind immer zu zweien am kantigen und kahlen Stängel angeordnet.
3 Die Blätter sind ungeteilt, eiförmig, zugespitzt, ganzrandig und im Gegenlicht durchscheinend punktiert.
4 Die Blätter sind im Unterschied zum ähnlichen Pfennig-Gilbweiderich (rechts) mindestens eineinhalbmal so lang wie breit.
5 Die Blüten sind lang gestielt und entspringen einzeln den oberen Blattachseln.
6 Der Kelch hat 5 schmale, sehr lange und spitze Zipfel.
7 Die Blütenkrone ist goldgelb mit 5 etwa 8 mm langen Kronzipfeln, die an der Basis verwachsen sind.
8 Die Blüte enthält 5 Staubblätter.
9 Bei der Frucht handelt es sich um eine kugelige, bis 4 mm lange Kapsel.

Der Pfennig-Gilbweiderich hat rot punktierte, rundliche Blätter (etwa so lang wie breit).

Hinweis: Der Pfennig-Gilbweiderich *(Lysimachia nummularia)* ist eine zum Verwechseln ähnliche, ebenfalls essbare Art, die genauso zu verwenden ist. Er wächst an feuchten Standorten in Auenwäldern und Wiesen sowie als Pionier an Wegrändern, Ufern, in Gärten und Parkanlagen. Ein Unterschied besteht in der Form der Blätter. Diese sind beim Pfennig-Gilbweiderich rundlich und etwa so lang wie breit, im Unterschied zu den eiförmigen und zugespitzten Blättern des Hain-Gilbweiderichs. Der Pfennig-Gilbweiderich bildet an den Blattansätzen neue Wurzeln. An den ebenfalls goldgelben Blüten sind die Kelchzipfel rot punktiert und herzförmig.

Wiesen-Schaumkraut

Das weiße Kleid der Frühjahrswiesen

mehrjährig | 0,6 m | April bis Juni | blasslila, fast weiß

Cardamine pratensis agg.

Standort: Das Wiesen-Schaumkraut kommt häufig in feuchten Wiesen vor, ebenfalls in feuchten Laubmischwäldern und in Auenwäldern.

Verwendung in der Küche

April–Mai
Blätter
Von April bis Mai eignen sich die zarten, jungen Blätter und weichen Pflanzenteile für Salate, Kräutersuppen und Eintöpfe. Ab Juni werden die Blätter bitter. Sie können jedoch bis August mit Blättern anderer raucharomatischer Pflanzen zu Tabak vermischt werden.

April–Juni
Blütenknospen, Blüten, Blütenstängel
Von April bis Juni kann man die Blütenknospen unter Kräuterquark, Kräuterbutter oder Pesto mischen. Die Blüten eignen sich als dezent würzige essbare Dekoration. Die Blütenstängel sind von April bis Juni eine würzige Zutat für Gemüsegerichte, Auflaufe und Suppen.

August–September
Samen
Von August bis September eignen sich die scharfen Samen als Brotbelag, getrocknet als guter Ersatz für Pfeffer und geschrotet, gepresst und mit Essig und Salz abgeschmeckt als Senf.

Geschmack: Die Pflanze schmeckt kresseartig bis bitter.

Rezeptidee

Schaumkrautmus: Die senfölhaltigen jungen Triebspitzen im knospigen Zustand vor der Blüte mit etwas Salz und Gewürzen nach Wahl in einem Steinmörser oder im Blitzhacker (Cutter) zerstoßen. Faserige Pflanzenteile möglichst fein zerkleinern. Unter Rühren der Mischung Öl, wenig Essig und falls gewünscht etwas Honig zugeben und kräftig verrühren. Das scharfe Mus gekühlt zu würzigem Käse reichen.

Die Blütenblätter sind etwa 1 cm lang, doppelt so lang wie die gelbgrünen Kelchblätter.

Der Blütenstand ist doldenartig, mit 7–20 Blüten.

Die oberen Blätter haben längliche Teilblätter.

Die unteren Blätter haben rundliche Teilblätter. Der Endabschnitt ist deutlich vergrößert.

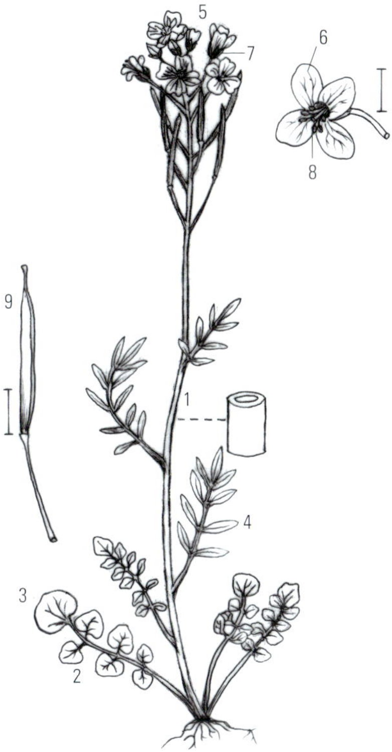

1 Die Stängel sind rundlich und kahl.
2 Die grundständigen Blätter sind lang gestielt und haben 7–15 rundliche Teilblätter.
3 Der Endabschnitt des Grundblattes ist deutlich vergrößert.
4 Die Stängelblätter haben längliche Teilblätter.
5 Der Blütenstand ist doldenartig, er hat 7–20 Blüten.
6 Die Blütenblätter sind etwa 1 cm lang und weiß oder violett gefärbt.
7 Die Kelchblätter sind gelbgrün und nur halb so lang wie die Blütenblätter.
8 Die 4 langen und 2 kurzen Staubblätter haben gelbliche Staubbeutel.
9 Bei der Frucht handelt es sich um eine aufrechte, bis 4 cm lange, lang gestielte Schote.

Die Stängel sind im Querschnitt rundlich und außen ohne Behaarung.

Die Blütenfarbe variert und kann wie hier auch ganz weiß sein.

Arznei-Thymian

Wilde ätherische Öle

mehrjährig | 0,3 m | Juni bis September | purpurrot

Thymus pulegioides agg.

Standort: Der Arznei-Thymian kommt an flachgründigen, warmen Standorten in Magerrasen und Magerweiden sowie auf Fels- und Mauerkronen vor.

Verwendung in der Küche

März–Mai bzw. Mai–September
Blätter und Triebspitzen

Zarte Triebspitzen samt den Stängeln sind von März bis Mai fein gehackt eine gute Zutat für verschiedene Salatdressings (insbesondere für Tomatensalat), für Suppen, Eierspeisen (Omelett, Rührei), Quiche, Eintöpfe, Kräuterkäse, Kräuterbutter oder Kräuterquark. Die zarten Blätter nutzt man von Mai bis September als Aromazutat. Sie können roh zum Beispiel auf Butterbrot gegessen werden, oder man verarbeitet sie als Würze für Tee, Kräuterlikör, Kräuterwein und Schnaps, als Bierwürze oder als Aroma für Würzöle. Die getrockneten Blätter nutzt man zur Teebereitung oder als Aroma für Rauchtabak.

Juni–September
Blüten

Die Blüten können von Juni bis September als essbare Dekoration zu verschiedenen Speisen oder als Aroma für Speiseöl verwendet werden.

Geschmack: Die Pflanze duftet beim Zerreiben sehr aromatisch und appetitanregend. Der Geschmack ist dem des Küchenthymians ähnlich, jedoch schärfer. Auch die Blüten sind aromatisch, aber etwas milder.

Rezeptidee

Würzöl: Die aromatischen Triebe bei trockenem Wetter und Sonnenschein ernten, säubern und windgeschützt in der Sonne noch weiter antrocknen lassen. Dadurch werden die ätherischen Öle konzentrierter. Die trockenen Pflanzenteile eng in ein Gefäß füllen, mit einem guten Speiseöl (Walnuss, Raps- oder Sonnenblumenöl) bedecken und das Gefäß luftdicht verschließen. Kühl und dunkel gelagert einen Monat ziehen lassen. Dann das Öl durch ein Sieb in eine Karaffe oder Flasche füllen. Eignet sich hervorragend zum Würzen von Salaten und Gemüseaufläufen.

Die Blütenstände sind am Ende der Triebe angeordnet.

Der Blütenkelch ist behaart. Die Zähne der Blütenkelche sind dreieckig und schmal.

Die Stängel sind im Querschnitt vierkantig, die Kanten der Stängel sind dicht behaart.

Die Stängel werden nach oben leicht rötlich, insbesondere bei den jungen Trieben.

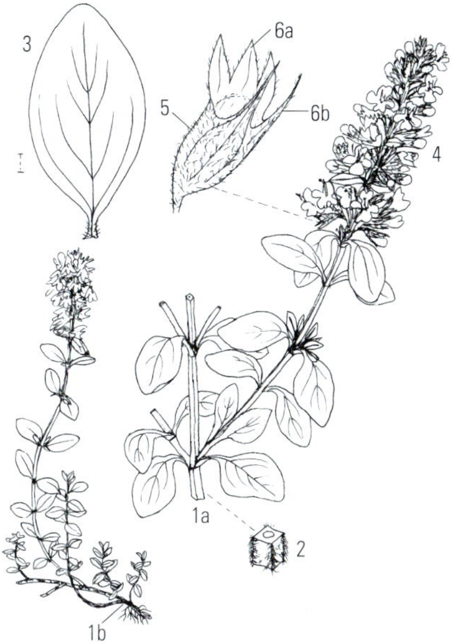

1 Die Stängel sind im Querschnitt scharf vierkantig (a) und verholzen an der Basis (b).
2 Die Kanten der Stängel sind dicht behaart.
3 Das Blatt ist eiförmig bis oval und erreicht eine Länge von bis zu 20 mm.
4 Die Blütenstände sind endständig an Haupt- und Seitentrieben angeordnet.
5 Der Blütenkelch ist behaart.
6 Die oberen Zähne der Blütenkelche sind dreieckig (a), die unteren schmal (b).

Die Stängel verholzen an der Basis und bilden Ausläufer.

Das Blatt ist eiförmig bis oval und wird bis 20 mm lang.

Wiesen-Salbei

Ein tiefes Blau für die Blütenküche

mehrjährig | 0,6 m | Mai bis Aug. | blau oder violett

Salvia pratensis

Standort: Meist an kalkreichen Standorten in trockenen Wiesen und Rasen sowie auf Dämmen, Böschungen, Verkehrsinseln und an Wegrändern.

Verwendung in der Küche

April–Juni
Blätter und Triebspitzen

Der bis Juni sehr saftige Stängel des Wiesen-Salbeis ergibt ausgepresst einen köstlich süßen Saft. Die Blätter benutzt man von April bis Juni als Aroma für Würzöle. Sie können auch roh als Atemerfrischung gegessen, zu einem Tee aufgegossen oder als Würze für Kräuterlikör, Kräuterwein und Schnaps verwendet werden. Zarte Blätter und zarte Triebspitzen sind von April bis Mai auch eine gute Zutat für verschiedene Salate, Saucen, Suppen, Back-gemüse, Eintöpfe, gehackte Kräutermischungen oder Kräuterquark.

Mai–August
Blüten

Die Blüten können von Mai bis August als essbare Dekoration zu verschiedenen Speisen oder als Aroma für Gemüse und Speiseöl verwendet werden. Sie ergeben auch eine schön gefärbte Sirupgrundlage.

Geschmack: Die beim Zerreiben sehr aromatisch und appetitanregend duftende Pflanze hat einen fruchtig-frischen und zart süßlichen Geschmack.

Rezeptidee

Salbeimäuschen (ausgebackene Salbeiblätter): Eier, Mehl, Weißwein und etwas Salz zu einem flüssigen Ausbackteig rühren. Größere, aber noch möglichst zarte Salbeiblätter sammeln und waschen. Die Blätter von groben Stielen befreien und trocken tupfen. Anschließend die Blätter in den Ausbackteig tauchen und in einer Pfanne in heißem Öl ausbacken oder frittieren. Ergibt eine feine Vorspeise oder Knabberei zum Aperitif.

Die Stängel stehen meist aufrecht und sind im Bereich des Blütenstandes häufig verzweigt.

Die Stängel sind kräftig und locker behaart.

Zahlreiche Blüten bilden einen reichhaltigen, ährenartigen Blütenstand.

Der Blattrand ist unregelmäßig gezähnt oder gekerbt.

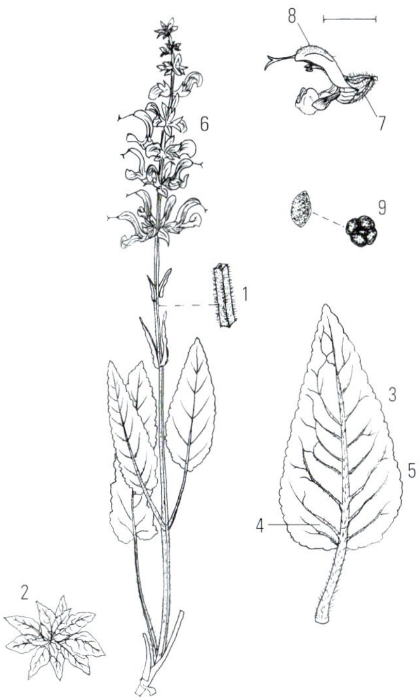

1 Die kräftigen, locker behaarten Stängel stehen meist aufrecht, sind im Bereich des Blütenstandes oft verzweigt und im Querschnitt vierkantig.
2 Vor der Blüte erscheint eine bodennahe Blattrosette mit bis zu 10 cm langen, runzligen und lang gestielten Blättern.
3 Beim Zerreiben riechen die Blätter leicht nach Salbei.
4 Die Blattnerven treten vor allem auf der Blattunterseite deutlich hervor und sind ebenso wie die Blattstiele behaart.
5 Der Blattrand ist unregelmäßig und grob gezähnt oder gekerbt.
6 Der reichhaltige, ährenartige Blütenstand setzt sich aus zahlreichen Blüten zusammen.
7 Die behaarten Blütenkelche sind oftmals rot überlaufen.
8 Die bis über 2 cm lange, helmartig gewölbte Blütenkrone ist zumeist dunkelviolett, selten jedoch weiß oder rötlich.
9 Die Frucht ist aus 4 eiförmigen Nüsschen zusammengesetzt.

Der Fruchtstand ist farblich wenig auffällig.

Die Blütenkrone ist helmartig gewölbt.

Aus dem Kelch fallen eiförmige Nüsschen.

Verwechslungsgefahr: Giftige Doppelgänger

Giftnotruf

Sie sollten generell nur Pflanzen verzehren, die Sie sicher bestimmen können. Sollte Ihnen einmal der leiseste Verdacht auf eine Vergiftung kommen, dann suchen Sie umgehend, lieber einmal zu viel als zu wenig, einen Arzt oder eine Klinik auf, oder wenden sich an den Giftnotruf, z. B.:

Giftinformationszentrum-Nord (GIZ-Nord),
Georg-August-Universität Göttingen,
Zentrum Pharmakologie und Toxikologie
Tel. +49 (0)551 19240

Giftnotruf München (Toxikologische Abteilung der II. Medizinischen Klinik der TU München)
Tel. +49 (0)89 19240

Vergiftungsinformationszentrale
für Österreich
an der 1. Medizinischen Universitätsklinik
Wien
Tel. +43 (0)1 4064343

Schweizerisches Toxikologisches Informationszentrum Zürich
Tel. 145 oder aus dem Ausland
Tel. +41 (0)44 2515151

Sichern Sie wesentliche Pflanzenteile der Pflanze, die Sie gegessen haben, damit die Pflanzen bestimmt werden können.

Wichtige Sofortmaßnahmen
Viel Wasser trinken, spülen und ausspucken.
Keine fetthaltigen Flüssigkeiten (Milch, Rizinusöl) trinken.
Medizinalkohle (aus der Apotheke) einnehmen.

Hundspetersilie

Aethusa cynapium

Standort: In Gärten, Weinbergen und Waldsäumen sowie auf Äckern und Ruderalplätzen.
Höhe: bis 1,2 m.
Hinweis: Beim Zerreiben der Pflanze entsteht ein unangenehmer Geruch – ein wichtiger Unterschied zum Wiesen-Kerbel (Seite 197).

Die Blüten sind weiß und etwa 2 mm groß.

Der Blüten haben markante Hüllchenblätter.

Die Früchte sind kaum länger als breit und gerippt.

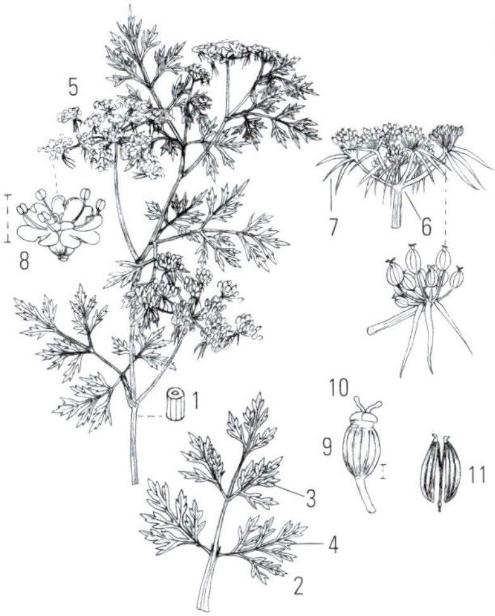

1 Der Stängel ist fein gerillt oder schwach kantig und bläulich bereift bis violett überlaufen und nicht behaart wie bei der Gewöhnlichen Möhre (Seite 201).
2 Die Blätter sind dunkel, glänzend; ihr Umriss dreieckig.
3 Mehrere zerschnittene Teilblätter setzen sich zu einem Gesamtblatt zusammen.
4 Die Abschnitte der Teilblätter sind vorne zugespitzt.
5 Der Blütenstand ist eine Dolde mit 5–15 Ästen.
6 Die Dolden tragen in der Regel keine Hüllchenblätter an der Basis ihrer Äste.
7 Die kleinen Döldchen 2. Ordnung weisen (meist) 3 einseitig angeordnete, lang zugespitzte Hüllchenblätter auf, dadurch unterscheidet sich die Hundspetersilie vom essbaren Wiesen-Kerbel (Seite 197), dessen Hüllchenblätter allseitig angeordnet und wesentlich kürzer sind.
8 Die Blüten sind weiß oder selten rötlich/rosa und werden nur bis etwa 2 mm groß.
9 Die Früchte sind nur wenig länger als breit, bis 5 mm lang und an der Oberfläche kantig gerippt.
10 An der zweiteiligen Frucht finden sich 2 kurze Griffel.
11 Die Frucht spaltet sich in der Reife in zwei Hälften.

Gift-Wasserschierling

Cicuta virosa

Standort: Schlammige, meist nährstoffreiche Böden an flach überschwemmten Stellen von Gewässern sowie im Erlenbruch.
Höhe: bis 1,5 m.

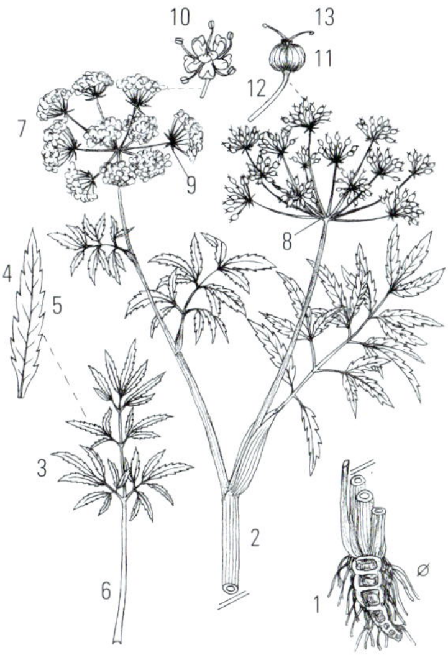

Der Stängel ist ohne borstige Behaarung.

Die Blattabschnitte sind lang und schmal.

Die Frucht ist kugelig.

1 Der Hauptstrang der Wurzel ist knollenartig verdickt.
2 Der meist im Wasser stehende Stängel ist kantig, aber im Unterschied zum Stängel des ähnlichen, essbaren Gewöhnlichen Bärenklau (Seite 205) nicht borstig behaart.
3 Die Blätter sind in Abschnitte mehrerer Ordnungen (siehe Umschlagklappe) gegliedert.
4 Die Blattabschnitte letzter Ordnung sind fingerartig lang und schmal, dadurch unterscheidet sich der Wasserschierling vom essbaren Wiesen-Kerbel (Seite 197).
5 Die Blattränder sind mit scharfen Zähnen gesägt.
6 Die unteren Blätter sind lang gestielt.
7 Bei dem Blütenstand handelt es sich um eine Dolde mit bis zu 25 Zweigen.
8 An der Basis der Dolden finden sich im Unterschied zur Gewöhnlichen Möhre (Seite 201) meist keine Hochblätter.
9 An den reichblütigen Dolden 2. Ordnung finden sich zahlreiche Hochblätter.
10 Die Blütenkrone ist klein und weiß.
11 Die Frucht ist im Unterschied zum Giersch (Seite 125) kugelig.
12 Die Fruchtstiele sind mehrfach länger als die Frucht.
13 Die Frucht hat 2 lange, zuletzt zurückgebogene Griffel.

Gefleckter Schierling

Conium maculatum

Standort: An nährstoffreichen und warmen Standorten an Bächen, Flüssen, Gräben, Hecken, Schuttplätzen und Bahnanlagen.
Höhe: bis 2,5 m.
Hinweis: Hat im Unterschied zu den essbaren Arten Wiesen-Kerbel (Seite 197) und Giersch (Seite 125) einen unangenehmen Geruch.

Die Stängel sind violett gefleckt.

Die Blüten sind klein und weiß.

Die Frucht ist gerippt und nur bis 4 mm lang.

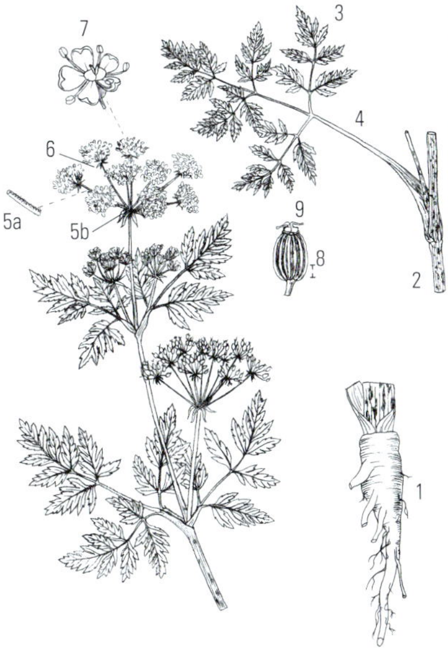

1 Die pfahlförmige Wurzel ist weißlich gefärbt.
2 Die Stängel sind bläulich bereift, kahl, fein gerillt, und zur Basis hin meist violettbraun oder rot gefleckt.
3 Die Blätter sind im Umriss breit dreieckig und im Unterschied zum essbaren Gewöhnlichen Bärenklau (Seite 205) in Teilblätter mehrerer Ordnungen (siehe Umschlagklappe) gegliedert.
4 Die unteren Blätter werden bis 50 cm lang.
5 Der Blütenstand ist eine Dolde mit 8–15 auf der Innenseite flaumig behaarten Zweigen (a) und im Unterschied zum Giersch mit 5–6 schmalen Hochblättern (b).
6 Die Dolden 2. Ordnung (Döldchen) haben 3–6 zuletzt zurückgeschlagene Hochblätter (Hüllchen) an der Basis ihrer Verzweigungen.
7 Die Blüten sind klein und weiß.
8 Die Frucht ist gerippt und wird im Unterschied zur Frucht des Wiesen-Kerbels (Seite 197) nur bis etwa 4 mm lang (Wiesen-Kerbel: Frucht bis 1 cm lang).
9 Die 2 Griffel an der Fruchtspitze sind zur Reifezeit der Frucht herabgebogen.

giftig

Gefleckter Aronstab

Arum maculatum

giftig

Standort: Der Gefleckte Aronstab kommt häufig in Auenwäldern, aber auch in nährstoff- und krautreichen, feuchten Laubmischwäldern sowie an Hecken vor.
Höhe: bis 0,4 m.

Die Pflanze hat rote Beerenfrüchte.

Die Blätter sind netznervig.

Ganz junge Blätter ähneln dem jungem Bär-Lauch (Seite 37).

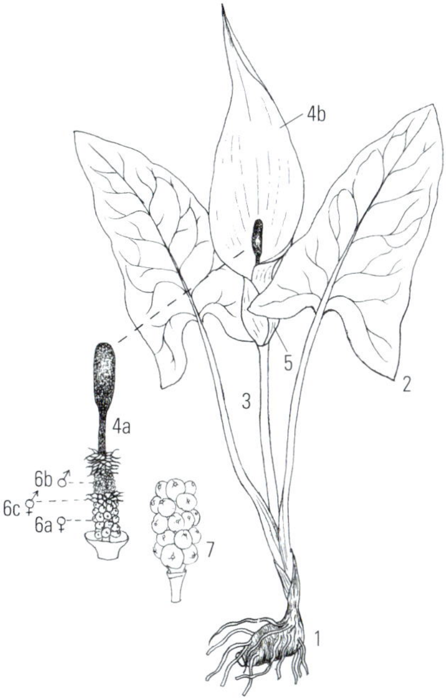

1 Der Aronstab hat als Überdauerungsorgan eine längliche, innen weiß gefärbte Knolle.
2 Die Blätter sind dunkelgrün, lang gestielt, laufen an ihrer Basis in 2 spitze Lappen aus und sind im Gegensatz zum Bär-Lauch (Seite 37) netznervig.
3 Die Blütenstängel sind hellgrün.
4 Der Blütenkolben (a) wird von einem grünlich-weißen Hochblatt (b) teilweise umhüllt.
5 Das Hochblatt ist im unteren Bereich bauchig aufgeblasen.
6 Am Blütenkolben sind auf verschiedenen Ebenen weibliche (a), männliche (b) und sterile (c) Blüten angeordnet.
7 Bei den Früchten handelt es sich um rundliche, orange- bis scharlachrote, am Kolben angeordnete Beeren.

Maiglöckchen

Convallaria majalis

giftig

Standort: In Laubmischwäldern und vor allem in Eichen- und Buchenwäldern.
Höhe: bis 0,25 m.
Hinweis: Im Unterschied zum ähnlich aussehenden Bär-Lauch (Seite 37) riecht das Maiglöckchen nicht nach Knoblauch.

Die Pflanze trifft flächig auf.

Die Frucht ist eine rote Beere.

Die Stielbasis ist im Gegensatz zum Bär-Lauch (Seite 37) leicht violett.

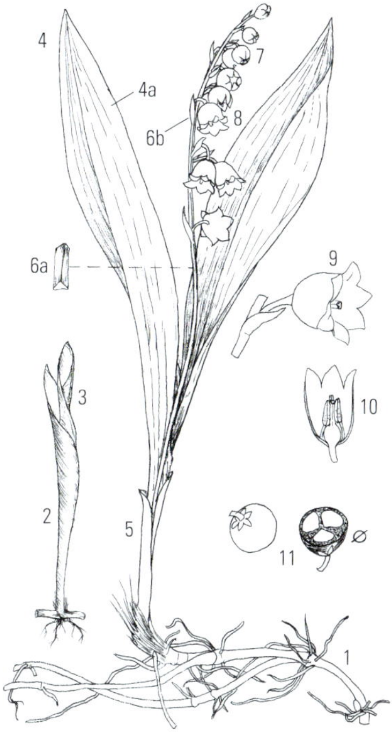

1 Die Pflanze bildet unterirdische Ausläufer.
2 Jährlich treibt das Maiglöckchen 2 Blätter.
3 Zu Anfang sind die Blatttriebe eingerollt.
4 Die fest beschaffenen Laubblätter werden über 20 cm lang, bis etwa 10 cm breit und sind parallelnervig (a).
5 An der leicht violetten Stielbasis finden sich 2 schuppige Blättchen (Niederblätter).
6 Die Blütenstängel sind kantig (a) und bis auf kleine Hochblätter (b) unbeblättert.
7 Die fünf- bis zehnteilige Blüten- und Fruchttraube ist nach einer Seite ausgerichtet, man spricht von einem einseitswendigen Blüten- oder Fruchtstand.
8 Die wohlriechenden Blüten sind auf langen Stielen nickend am Blütenstängel angeordnet.
9 Die Blütenhülle ist weiß und glockenförmig, mit nach außen gebogenen Zipfeln.
10 Innerhalb der Blütenhülle verbergen sich 6 Staubblätter mit gelben Staubbeuteln.
11 Die Frucht ist eine dreifächerige, leuchtend rote Beere.

Herbst-Zeitlose

Colchicum autumnale

Standort: Die Herbst-Zeitlose kommt an nährstoffreichen Standorten in Wiesen und Auenwäldern vor.
Höhe: bis 0,4 m.
Hinweis: Die Pflanze hat im Unterschied zum Bär-Lauch (Seite 37) keinen Lauch-Geruch.

Die Blüten erscheinen im Herbst.

Die Pflanze hat eine braunschuppige Knolle.

Die Frucht sitzt in der Mitte des Blatttrichters.

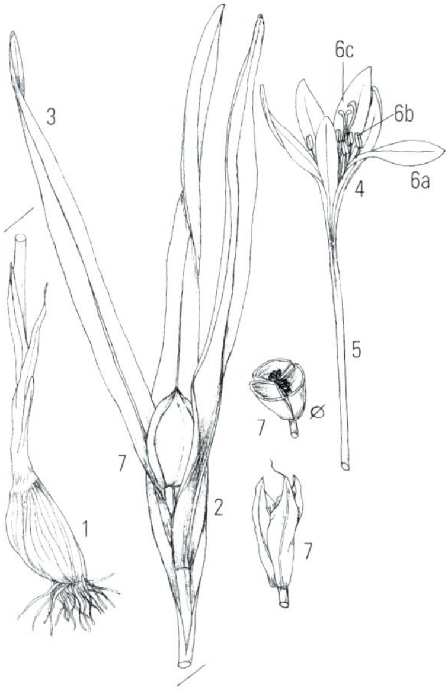

1 Die Herbst-Zeitlose überwintert in einer eiförmigen, braunschuppigen Knolle, die etwa drei- bis fünfmal so groß ist wie die längliche Zwiebel des Bär-Lauchs (Seite 37).
2 Im Unterschied zum im Frühjahr ähnlichen Bär-Lauch sind die Blätter trichterförmig angeordnet.
3 Die Blätter glänzen dunkelgrün, sie sind zungenförmig und werden bis 40 cm lang.
4 Die hell-lilafarbenen Blüten erscheinen im Spätsommer oder Herbst noch vor der Blattentwicklung.
5 Der Blütenstiel ist lang und im Querschnitt rund.
6 Die Blüte setzt sich aus 6 Kronblättern (a), 6 Staubblättern mit orangegelben Staubbeuteln (b) und 3 sehr langen, an der Spitze verdickten Griffeln (c) zusammen.
7 Die dreifächerige, bis 5 cm lange, vielsamige Fruchtkapsel erscheint im Frühjahr in der Mitte des Blatttrichters.

Erntezeit-Tabelle der essbaren Wildpflanzen

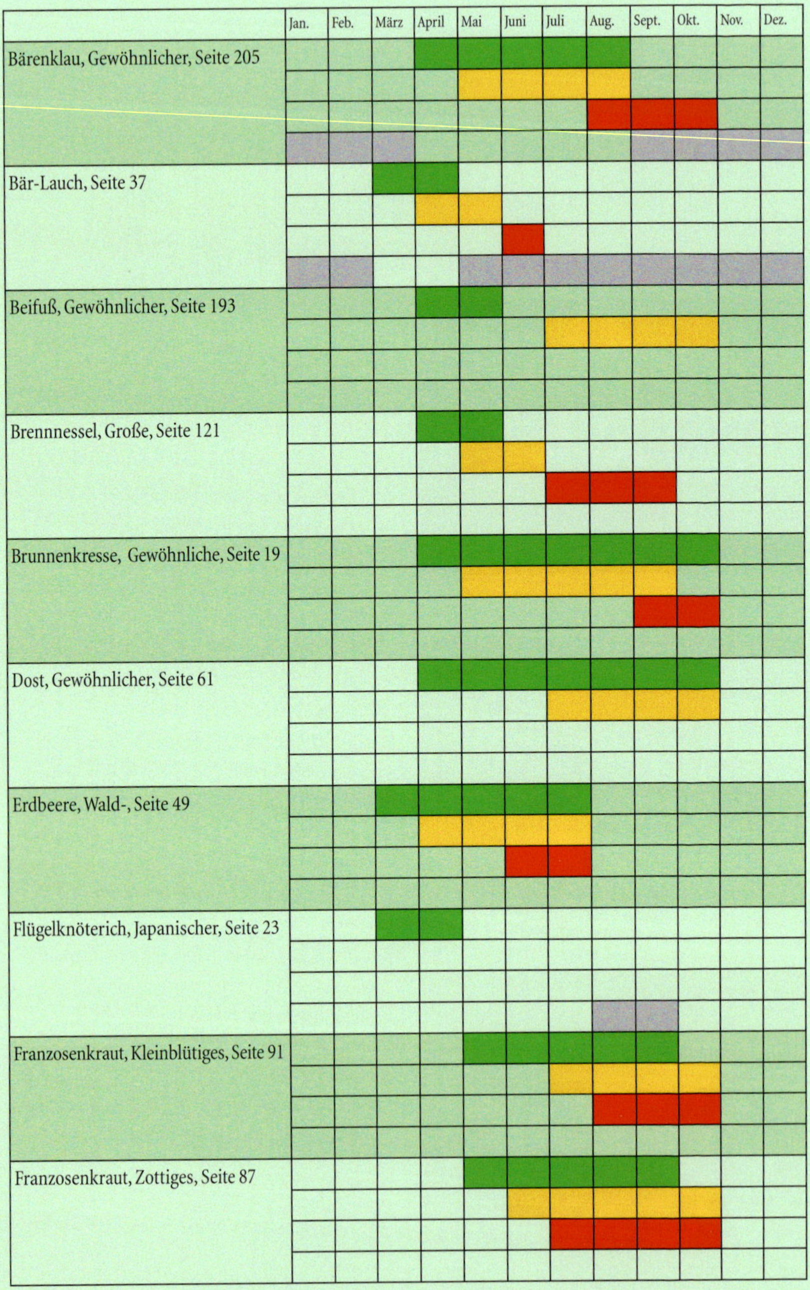

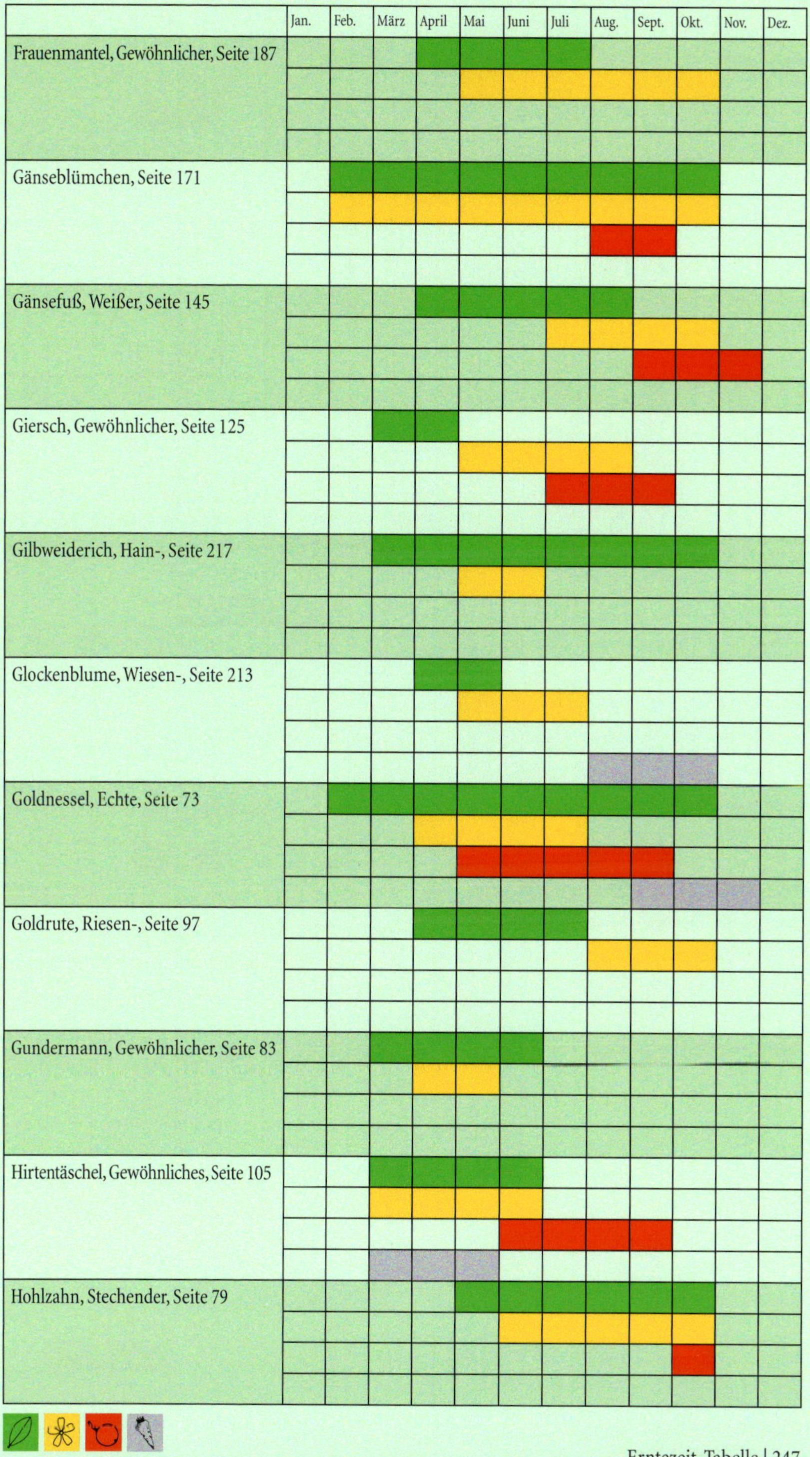
Jan.
Feb.
März
April
Mai
Juni
Juli
Aug.
Sept.
Okt.
Nov.
Dez.
Frauenmantel, Gewöhnlicher, Seite 187
Gänseblümchen, Seite 171
Gänsefuß, Weißer, Seite 145
Giersch, Gewöhnlicher, Seite 125
Gilbweiderich, Hain-, Seite 217
Glockenblume, Wiesen-, Seite 213
Goldnessel, Echte, Seite 73
Goldrute, Riesen-, Seite 97
Gundermann, Gewöhnlicher, Seite 83
Hirtentäschel, Gewöhnliches, Seite 105
Hohlzahn, Stechender, Seite 79

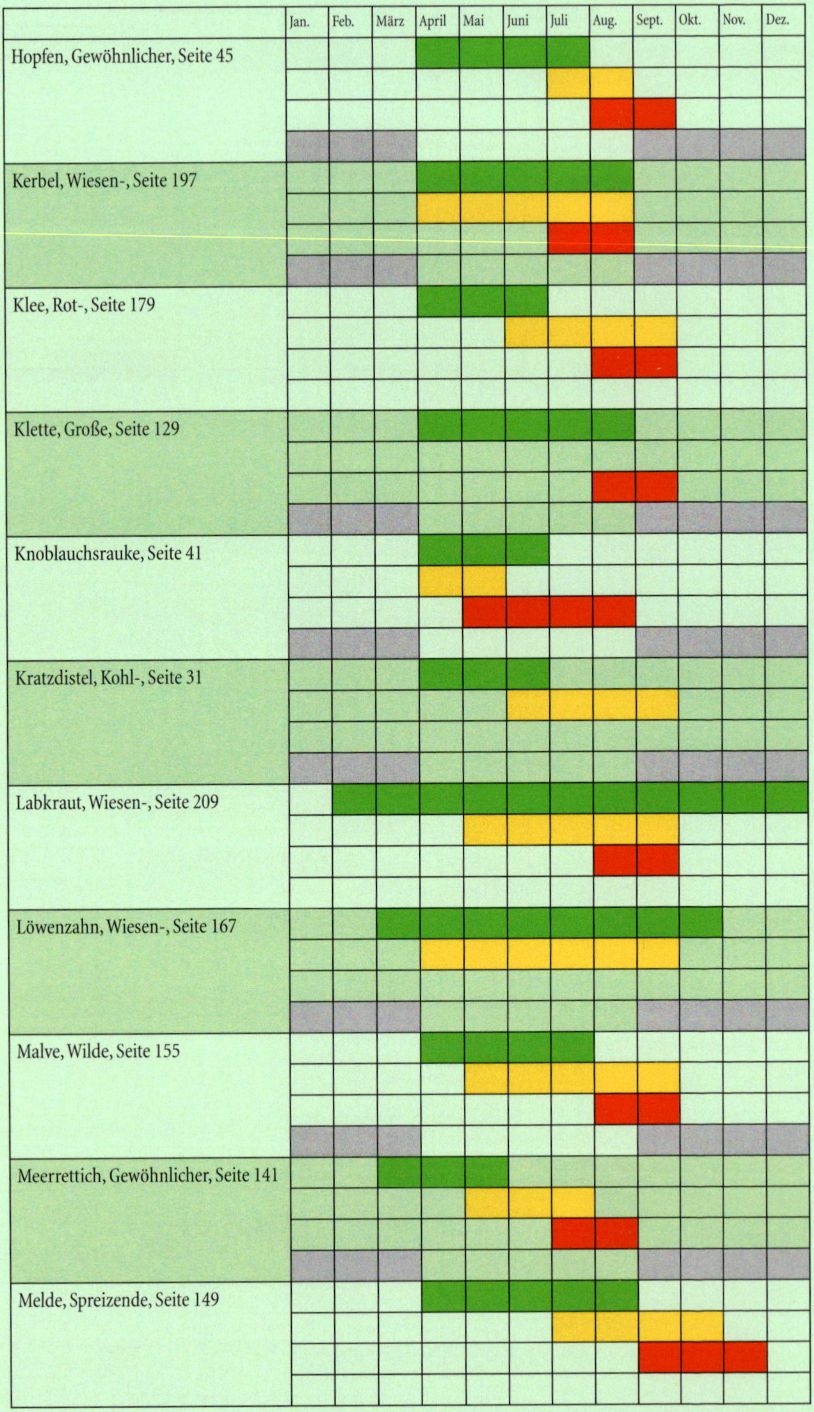
Jan.
Feb.
März
April
Mai
Juni
Juli
Aug.
Sept.
Okt.
Nov.
Dez.
Hopfen, Gewöhnlicher, Seite 45
Kerbel, Wiesen-, Seite 197
Klee, Rot-, Seite 179
Klette, Große, Seite 129
Knoblauchsrauke, Seite 41
Kratzdistel, Kohl-, Seite 31
Labkraut, Wiesen-, Seite 209
Löwenzahn, Wiesen-, Seite 167
Malve, Wilde, Seite 155
Meerrettich, Gewöhnlicher, Seite 141
Melde, Spreizende, Seite 149

	Jan.	Feb.	März	April	Mai	Juni	Juli	Aug.	Sept.	Okt.	Nov.	Dez.
Minze, Ross-, Seite 115				x	x	x	x	x				
							x	x	x			
Möhre, Gewöhnliche, Seite 201				x	x	x						
						x	x	x	x			
									x	x		
	x	x	x						x	x	x	x
Nachtkerze, Zweijährige, Seite 151				x	x	x						
						x	x	x	x			
								x	x			
	x	x	x						x	x	x	x
Salbei, Wiesen-, Seite 229				x	x	x						
					x	x	x	x				
Sauerampfer, Wiesen-, Seite 183			x	x	x	x	x	x	x	x		
				x	x							
								x	x	x		
									x			
Sauerklee, Wald-, Seite 53			x	x	x	x	x	x	x			
				x	x							
					x							
			x	x	x	x	x	x	x			
Schafgarbe, Gewöhnliche, Seite 163			x	x	x	x	x	x	x			
					x	x	x	x	x	x		
Schaumkraut, Wiesen-, Seite 221				x	x							
				x	x	x						
								x	x			
Springkraut, Drüsiges, Seite 27			x	x	x	x	x					
							x	x	x	x		
									x	x		
Taubnessel, Gefleckte, Seite 69		x	x	x	x	x	x	x	x	x		
				x	x	x	x	x	x	x		
					x	x	x	x	x			
									x	x	x	
Taubnessel, Purpur-, Seite 77		x	x	x	x	x	x	x	x	x		
			x	x	x	x	x	x	x	x		
					x	x	x	x	x			
									x	x	x	

	Jan.	Feb.	März	April	Mai	Juni	Juli	Aug.	Sept.	Okt.	Nov.	Dez.
Taubnessel, Weiße, Seite 119												
Teufelskralle, Ährige, Seite 57												
Thymian, Arznei- Seite 225												
Topinambur, Seite 93												
Veilchen, März-, Seite 109												
Vogel-Sternmiere, Seite 101												
Wegerich, Breit-, Seite 159												
Wegerich, Spitz-, Seite 175												
Wegwarte, Gewöhnliche, Seite 137												
Wiesenknopf, Großer, Seite 195 Wiesenknopf, Kleiner, Seite 191												
Ziest, Wald-, Seite 65												

Register der Pflanzennamen

Die Namensgebung folgt der aktuellen Standardliste des Bundesamtes für Naturschutz, einzusehen unter www.floraweb.de. Dort können auch die zugehörigen Namensautoren eingesehen werden.

Bei mehreren Pflanzennamen steht die gültige, offizielle Bezeichnung in Klammern.

Quellen- und Bildnachweis

Literatur

Fleischhauer, S. G.: Wildpflanzensalate, AT Verlag, Baden/München 2006
Fleischhauer, S. G., Guthmann, J., Spiegelberger, R.: Enzyklopädie Essbare Wildpflanzen, AT Verlag, Baden/München 2013
Fleischhauer, S. G., Guthmann, J., Spiegelberger, R.: Essbare Wildpflanzen, AT Verlag, Baden/München 2015
Hegi, G.: Illustrierte Flora von Mittel-Europa, Lehmanns, München 1906
Lauber, K., Wagner, G., Gygax, A.: Flora Helvetica, Haupt Verlag, Bern 2012
Oberdorfer, E.: Pflanzensoziologische Exkursionsflora, Eugen Ulmer, Stuttgart 1994
Rothmaler, W.: Exkursionsflora von Deutschland, Spektrum, Heidelberg/Berlin 2000
Schmeil-Fitschen: Flora von Deutschland, Quelle & Meyer, Wiebelsheim 2009

Internet

https://commons.wikimedia.org
http://plants.usda.gov/java
http://luirig.altervista.org
http://www.plantillustrations.org/
http://www.biolib.de
http://www.blumeninschwaben.de
http://floraweb.de

Fotos

Phyteuma spicatum, Blüten, Hauptbild: Urs Victor Peter
Phyteuma spicatum, Blüte einzeln: Alice Stöcklin
Solidago gigantea, Blüten, Hauptbild: AnRo0002
Lysimachia nemorum, Blüten, Hauptbild: Armand Turpel
Conium maculatum, Blüten: Caroline Morgan
Conium maculatum, Samen: Caroline Morgan

Alle übrigen Bilder stammen von den Autoren und Mitwirkenden.

Zeichnungen

Für die Zeichnungen wurden historische Quellen als Vorlage verwendet.
Alle diese Vorlagen und Anregungen aus Public Domain (plants.usda.gov/java, commons. wikimedia.org, luirig.altervista.org/flora/taxa/floraindice.php, www.wikipedia.it)

Die Mitwirkenden dieses Buches

Steffen Guido Fleischhauer
Diplom-Ingenieur für Landschaftsplanung, Fachhochschule Weihenstephan. Sammelt seit vielen Jahren Erfahrungen in der Ernährung mit Pflanzen aus der freien Natur. Seminarleitung und Lehrertätigkeit an Hochschulen in Deutschland, Österreich und der Schweiz im Fach »Essbare Wildpflanzen«.
www.essbare-wildpflanzen.de

Jürgen Guthmann
Diplom-Ingenieur (FH) für Technische Chemie. Langjährige Beschäftigung mit Lebensmittelchemie, Ernährung und Gesundheitsfragen. Fachgebiete: Heilpflanzen und Pilze, deren Wirkungen und Inhaltsstoffe. Herausgeber der Website Vitalpilzratgeber und Autor des Standardwerks »Heilende Pilze«, Verlag Quelle & Meyer.
www.vitalpilzratgeber.de

Roland Spiegelberger
Diplom-Ingenieur für Landschaftsarchitektur und Umweltplanung, Fachhochschule Höxter. Arbeitet seit 2009 freiberuflich als Biotop-Kartierer.

Claudia Gassner
Pflanzenillustrationen

Viola Nehrbaß
Pflanzenfotografie
Begeistert und beschäftigt sich seit 2006 mit heimischen Wildpflanzen.
www.essbare-wildpflanzen-freiamt.de